《나의 작은 탐험가》는 놀이와 놀잇감의

제작 방식을 원서의 내용에 충실하게 번역해 소개했습니다.

가정이나 보육 기관에서 활용할 때는 환경에 맞춰 유사한 재료로

다양하게 변형해 사용하시면 됩니다.

또한 아이의 취향과 연령에 맞춰

책에 소개한 놀이를 선택적으로 활용하시면 좋습니다.

다양한 활동을 통해 아이의 발달을

촉진하는 훌륭한 놀이 과정이 될 것입니다.

나의 작은 탐험가

나의 작은 탐험가

1판 1쇄 인쇄 2020년 5월 20일
1판 1쇄 발행 2020년 5월 27일

지은이 장 엡스탱, 클로에 라디게
옮긴이 김수진

발행인 박주란
디자인 김가희

등록 2019년 7월 16일(제406-2019-000079호)
주소 경기도 파주시 문발로 197 1층 102호
연락처 070-8957-7076 / sowonbook@naver.com

ISBN 979-11-969331-3-5 13590

이 도서의 국립중앙도서관 출판예정도서목록(CIP)은 서지정보유통지원시스템
홈페이지(http://seoji.nl.go.kr)와 국가자료종합목록 구축시스템(http://kolis-net.nl.go.kr)에서
이용하실 수 있습니다(CIP제어번호 : CIP2020014153).

40년간 프랑스 부모들이
선택한 육아의 고전

나의 작은 탐험가

장 엡스탱 · 클로에 라디게 지음 | 김수진 옮김

세개의소원

차례

＊놀이 찾기(242p)에서도 아이에 맞는 놀이를 쉽게 찾아볼 수 있습니다.

Ⅱ ··· 나 그리고 다른 사람들

Ⅲ ··· 다른 사람들과 함께하는 나

오늘날에는 한 인간의 신체적·감각적·심리적 능력 형성에 영아기가 중요하다는 사실에 누구나 동의합니다. 그런데 이게 무슨 의미일까요? 아이도, 어른도 각자 어떤 경험을 했느냐에 따라 좋건 나쁘건 그들이 이미 습득한 능력을 발휘해 행동한다는 뜻입니다.

이 책의 목적은 단순히 여러 놀이를 소개하는 카탈로그 역할을 하거나 본보기를 제시하는 것이 아닙니다. 그보다는 '다른 쪽'으로 관심을 돌리고자 합니다. 아이들은 저마다 성장과 발달을 하는데, 각자의 고유한 발달이 조화를 이루고 이런 조화를 유지하려면 아이 주변에 있는 모든 것의 역할이 중요하다는 사실! 바로 이런 사실에 어른들이 주목하게 만드는 것입니다. 이를 위해 이 책에서는 무엇보다도 어른들에게 여러 가지 놀이를 제안하려고 애썼습니다. 여기서 말하는 어른은 3세 미만의 아이와 관련된 모든 어른을 뜻합니다. 부모나 보모, 어린이집·보육 시설·유치원 교사 등 맡은 역할이 무엇이건 상관없습니다.

아이가 다른 아이들과 집단으로 같이 하는 놀이와 아이가 집에서 혼자 하는 놀이를 분리하는 것이 큰 의미가 있을까요?

아이는 놀이를 통해 존재합니다. 아이는 배우기 위해 놀이를 하는 것이 아니라, 놀이를 하면서 배우는 것입니다. 한편으로는 노력하는 과정에서 느끼는 희열을 통해, 다른 한편으로는 자기 주변의 환경을 통해 배웁니다. 그러므로 아이들이 자기 리듬에 따라 자기만의 놀이를 할 수 있도록 충분히 풍요롭고 다채로우며, 융통성 있는 공간을 마련해주는 것이 바로 우리 어른들의 몫입니다.

맨몸으로 세상을 탐색하는 길에 나선 어린아이들, 이 작은 탐험가들은 태어남과 동시에 성장하고 발달하며, 풍요로워집니다. 그런데 이러한 성장과 발달과 풍요로움은 부분적으로는 아이들 주변에 있는 물건과 이미지로 가득한 세상 덕분입니다.

그러나 애석하게도 장난감 회사에서 제안하는 놀이는 재미없거나 흥미롭지 않은 경우가 많습니다. 근래에 2세 미만의 아이를 위한 놀이가 점점 많아지고 있지만, 정말로 재미있는 놀이는 드물다는 것이 문제입니다. 그리고 이런 놀이는 대개 어른 세계의 놀이를 단순히 축소시킨 모형에 불과

하다는 것도 문제입니다.

우리는 누구나 한 번은 이런 문제를 맞닥뜨린 적이 있을 것입니다. 예를 들어 한 아이가 아주 멋진 플라스틱 트랙터를 선물로 받았습니다. 아이는 금세 핸들을 망가뜨린 뒤 이것을 머리 위에 씁니다. 혹은 잠시 후에 트랙터가 들어 있던 종이 상자를 가지고 노는 것을 더 좋아하게 됩니다. 이럴 때 어른들은 흔히 실망합니다. 하지만 실망감에 사로잡힐 것이 아니라 아이를 유심히 관찰하는 것이 더 바람직한 자세입니다. 이렇게 관찰하다 보면 새로운 놀이에 대한 아이디어가 물밀 듯이 떠오르게 되니까요.

이런 관찰의 결과를 바탕으로 많은 활동과 물건을 고안해내면 아이들은 이를 통해 자기만의 탐색을 추구할 수 있습니다. 운동 능력, 평형감각뿐만 아니라 촉각이나 청각, 후각, 관계 형성 등을 위한 탐색을 하는 것입니다.

그런데 이렇게 하면 어른과 아이의 관계가 가벼워진다고 생각하는 사람들이 있습니다. 하지만 그건 큰 오산입니다. 오히려 둘 사이의 관계는 그 어느 때보다도 더욱 공고해집니다. 어른은 '게임의 법칙'을 정하는 유일한 존재가 아닙니다. 그런데도 어른이 계속해서 혼자 규칙을 정하려 한다면 문제가 생깁니다. 따라서 어른은 놀이를 하고 있는 아이를 지켜보는 데 주력해야 합니다. 그러다 보면 아이가 내는 목소리, 아이의 몸짓, 아이가 '놀이를 하는 마음'이 아이에게 무엇을 의미하는지 깨닫게 될 것입니다.

아이를 품에 안은 채 어린이집이나 보육 시설로 뛰어들어 오는 엄마들을 한번 생각해보세요. 엄마들은 숨을 헐떡이며 "아이고, 내가 지각할 때마다 아이가 신발 끈을 끊어 먹네요!" 같은 말을 합니다. 우리 어른들에게 문제가 생긴 날에는 아이도 얼마나 혼란스럽고 불안해하는지 삼척동자도 다 압니다. 그런 문제 상황 역시 어른과 아이 사이에 일어나는 일이기 때문입니다.

다시 한번 말하지만, 이 책의 목표는 여러 가지 놀이 목록을 제시하는 것이 아닙니다. 그런 책이라면 이미 많이 있습니다. 그보다는 가정이나 모든 시설의 보육자가 활용하기 좋은 기본적인 아이디어를 제공하는 것이 목적입니다.

이 책에서 소개한 놀이들에는 영아기의 발달과 관련한 다양한 배려가 반영되어 있습니다. 이러한 아이디어들이 내세우는 목적은 단 하나입니다.

아이가 스스로 준비되었다고 느낄 때 다채로운 탐색을 시작할 수 있게 하는 것, 그리고 어른이 아이를 잘 파악하고 이해하며, 놀이를 하는 아이를 더 잘 지켜보게 하는 것입니다. 그것도 가능한 한 멀리 떨어져서 말입니다.

이 책은 실용성을 표방하지만, 각각의 기능을 설명하려면 아이의 발달과 관련한 몇 가지 중요한 사항을 간단히 짚고 넘어가야 합니다.

수십 년 전에는 아이의 발달이라고 하면 주로 운동 발달을 의미했습니다. 심리학적 요소는 나중에 추가되었습니다. 아이가 혼자 걷고, 혼자 밥 먹고, 자신의 괄약근 운동 능력을 조절해 배변하는 법을 배우는 것에만 만족하지 않는다는 사실, 더불어 대인 관계의 형성 또한 학습 대상이 된다는 사실이 알려졌기 때문입니다. 그 이후로는 심리 발달에 관해 이야기하게 되었습니다. 그리고 최근 들어 앞선 두 가지 발달 특성을 보완할 세 번째 특성이 등장했습니다. 바로 감각 발달입니다. 그리하여 오늘날에는 어린아이의 성장을 더욱 충실하게 반영하는 'PSM(심리-운동-감각)' 발달을 이야기합니다.

어린아이가 지닌 모든 것은 성장하고 발달합니다. 근력은 물론이고 평형감각, 미각, 후각, 시각, 사고력 등 모든 것이 그렇습니다. 우리는 이러한 발달이 부분적으로는 유전에 의해 프로그래밍되어 있지만, 그래도 많은 부분이 아이를 둘러싼 환경에 의해 후천적으로 결정된다는 사실을 잘 알고 있습니다. "훌륭한 일꾼이 되려면 좋은 연장을 쓰는 편이 낫다"는 오래된 속담처럼 아이의 학습을 위해서는 아이 손에 좋은 연장, 다양한 연장을 쥐여주는 것이 좋습니다. 그러면 아이가 자기 안에서 발달하는 모든 것을 한껏 꽃피울 수 있게 될 테니까요.

그러나 아이의 발달과 관련해 단 한 가지 발달 규범만 절대적으로 따라서는 곤란합니다. 이런 규범은 원칙적으로는 모두에게 해당하는 것이지만, 사실 그 누구와도 무관한 내용이기도 합니다.

아이는 생후 12개월이 되면 걷는다고요? 하지만 우리는 천재들 중에도 생후 20개월이 되어서야 걸음마를 뗀 사람, 태어나 8개월 만에 걷기 시작했지만 정신지체 장애인으로 자란 사람을 많이 봤습니다. 걸음마뿐만 아니라 다른 모든 기능을 습득할 때도 마찬가지입니다. 따라서 한 아이의 발달이 진행되는 속도만으로 미래를 예측해서는 안 됩니다.

그럼에도 일부 부모나 교사들이 아이의 발달 속도가 조금 느린 것을 두고 호들갑을 떠는 모습을 보면 참으로 유감스럽습니다. 비록 선의의 걱정이라 해도 말입니다. 이런 경우 가만히 살펴보면 아이의 발달이 조금 느릴 뿐 매우 조화롭게 이루어지고 있기 때문입니다. 이런 호들갑의 희생자는 결국 아이가 될 뿐입니다. 특히 조산아의 경우 출생 시점을 기준으로 한 나이가 아니라 잉태 시점을 기준으로 한 나이를 고려해야 합니다. 이렇게 재조정한 나이를 바탕으로 평가하고 판단해야 합니다. 예를 들어 임신 7개월 만에 태어난 조산아는 같은 나이의 아이가 아니라 2개월 뒤에 태어난 아이와 발달 정도를 비교해야 합니다.

아이가 어떤 시점이 되면 어떤 특정한 활동을 수행할 줄 알아야 한다는 주장에는 함정이 있습니다. 우리는 이런 함정을 피하기 위해 비교적 융통성 있게 영아기의 조화로운 발달에 더 부합하는 기준을 세워 책을 세 부분으로 나누었습니다.

1부는 '나 그리고 자아 탐색기'입니다.

—

이 시기는 아이가 태어나서부터 성장 발달에 결정적 역할을 하는 낯가림 단계까지를 말합니다. 이 낯가림 단계는 아이의 대인 관계 형성뿐만 아니라 운동 능력과 감각 탐색에도 결정적 전환기라 할 수 있습니다.

그래서 1부에서는 아이가 자기 자신을 집중적으로 탐색하도록 자아 탐색에 도움이 되는 놀이를 풍부하게 소개합니다. 이런 놀이를 통해 아이는 자신이 어떤 모습인지, 자기 주변에는 무엇이 있는지 탐색하게 됩니다.

2부는 '나 그리고 다른 사람들'입니다.

—

이 시기는 낯가림 단계에서 시작해 아이가 다른 또래 아이들과 놀이를 함께 하기 시작하는 단계까지를 말합니다. 매우 광범위한 이 시기는 아이가 옹알거리고 기어 다닐 때부터 마침내 뛰어다니고 말을 하게 될 때까지를 아우릅니다. 이 시기 안에서도 아이가 다른 아이들을 무서워하는 초기와 다른 아이들과 충돌하는 후기를 구별해야 합니다.

이 시기에 전체적으로 나타나는 특징은 아이의 극단적인 소유욕입니다. 아이는 자기 손에 들어온 것은 전부 다 자기가 주인이라고 여깁니다. 그래서 같은 또래의 아이들끼리 번번이 공격적 관계가 형성됩니다.

3부는 '다른 사람들과 함께하는 나'입니다.

—

이 시기는 이제 아이가 말을 하기 시작하는 단계입니다. 또한 달리고, 뛰고, 자기 주변에 있는 것이 무엇인지는 몰라도 눈과 귀, 손으로 알아보기 시작합니다. 그리고 다른 또래 아이들과 사이좋게 놀기 시작합니다.

이 책에서는 불필요한 반복을 피하기 위해 앞서 설명한 일부 사항은 2부나 3부에서 다시 언급하지 않았습니다. 즉 감각 발달은 1부에서 직접 다룬

이후에는 더 이상 거론하지 않았습니다. 평형감각 놀이도 마찬가지입니다. 2부에서 폭넓게 다루었기 때문에 3부에서는 가볍게 언급했습니다.

그렇다고 해서 감각 학습은 1부에 해당하는 시기에만 이루어지고, 평형 감각은 2부에 해당하는 시기에만 습득된다는 뜻이 아닙니다. 오히려 그 반대입니다! 이렇게 한 이유는 반복을 피하려는 것 외에도 독자 여러분이 필요할 때마다 이 책의 세 부분을 동시에 찾아보면서 아이에게 해당하는 정보를 얻게 하려는 것입니다.

아이들은 어떤 영역에서는 발달 속도가 특별히 빠르고, 어떤 영역에서는 아주 느려도 되는 권리가 있습니다. 따라서 우리는 이러한 발달 과정을 절대적으로 존중해야 합니다. 그리고 모든 아이가 제 능력을 발휘하면서 저만의 고유한 리듬에 따라 최대한 멀리 나아갈 수 있게 해주어야 합니다.

여기서 잠시 이 책에서 소개한 놀잇감들이 어떤 유형인지 설명하겠습니다. 우리는 심사숙고 끝에 일반 성인이 충분히 만들 수 있고, 비용도 많이 들지 않는 놀잇감들을 제안했습니다. 이 놀잇감들은 집에서는 물론, 어떤 보육·교육 시설에서도 쓸데없이 돈을 투자하지 않고 크기를 마음대로 조절하면서 활용할 수 있습니다. 정말로 공간에 구애받지 않고 사용할 수 있는 놀잇감들입니다. 그뿐 아니라 아이가 나이에 상관없이 놀잇감을 만드는 과정에 참여할 수도, 소중한 의견을 반영할 수도 있습니다. 아이들이 책에서 제안한 놀잇감과 활동을 자신의 욕구에 맞게 변형하는 임무를 맡는 셈입니다.

아이들을 위한 놀이와 놀잇감은 이 책에 소개한 것이 전부가 아닙니다. 이 책의 유일한 사명은 독자 여러분과 여러분의 아이가 다른 놀이를 얼마든지 많이 만들어내게 이끄는 것입니다. 아이의 발달에 관한 기본적인 기준을 인식하고, 아이가 하는 무의식적인 놀이를 관찰한다면 쉽게 시작할 수 있습니다.

여기서 말해야 할 중요한 사항이 또 한 가지 있습니다. 이 책은 감각 발달, 심리 발달, 운동 발달 세 부분으로 나뉘어 있습니다. 그리고 각 부분은 다시 촉각, 청각, 후각, 시각, 미각, 평형감각 그리고 각 신체 등 여러 장으로 나뉘어 있습니다. 명확성을 위해 이렇게 나누긴 했지만, 이런 분류에 주목할 필요는 없습니다. 게다가 상당히 많은 놀잇감을 일부러 다른 장에서 여러 차례 소개하기도 합니다. 똑같은 놀이라도 아이의 발달 단계와 아이가 있는 장소 등에 따라 어떤 아이에게는 운동 능력 학습에 도움이 되고, 어떤 아이에게는 감각 발달이나 대인 관계 형성에 기여할 수도 있기 때문입니다.

어떤 순간이라도, 발달 대상이 되는 기능들은 모두 다른 기능과 서로 연결되어 있습니다. (우리 어른들과 마찬가지로) 아이들도 모든 기능이 서로 뒤얽혀 있기 때문입니다. 게다가 어느 것 하나 중요하지 않은 것이 없습니다. 가령 청각이나 시각에 문제가 있으면 몸 전체의 균형이 깨질 수 있습니다. 또한 어른과 마찬가지로 자기 자신에 대해 어떤 이미지를 가지느냐는 아이의 대인 관계에 영향을 미칩니다.

여기서 중요한 점이 한 가지 있습니다. 오늘날의 프랑스에서는 '지능' 학습이 매우 중요시되고 있다는 사실입니다. 이것은 교육용 놀이가 많은 것에서 잘 알 수 있습니다. 마찬가지로 시각 놀이가 후각 놀이나 촉각 놀이, 미각 놀이보다 훨씬 많이 개발되어 있습니다. 얼마 전부터는 수준 높은 청각 놀이가 3세 미만의 영아용 활동에서 중요한 위치를 차지하기 시작했습니다.

이 책을 보다 보면 무언가가 빠져 있는 것처럼 느낄 수 있습니다. 이 책

어디에서도 아이의 무의식적 인격과 인성의 형성에 대해 언급하고 있지 않기 때문입니다.

이는 단순한 실수가 아닙니다. 우리는 아이의 무의식적 인격을 특정한 파트로 다루면서 분리하는 것이 위험하다고 생각했습니다. 실제로 인격은 책에서 소개한 다양한 활동을 이어주는 견고한 끈과 같은 역할을 하기 때문입니다.

모든 탐색 활동은 저마다 아이의 내면에서 생겨난 감정적 긴장의 결과인 동시에 원천입니다. 이 감정적 긴장은 적극적으로 습득한 다른 능력과 마찬가지로 아이 안에 깊이 새겨져 남게 됩니다. 따라서 운동, 감각, 사회적 경험과 함께 이 모든 감정적 긴장도 무의식적 인격 형성에 기여합니다.

그런데 이 책에서 언급하지는 않았으나 무의식적 인격을 형성하는 데에는 매우 중요한 다른 요소들이 필요합니다. 바로 게으름을 피우고, 소극적으로 행동하고, 천천히 꿈을 꿀 권리입니다. 우리 전문가가 생각하기에는 이런 것들이야말로 힘든 장애물 통과 훈련보다 아이에게 훨씬 더 건설적인 요소입니다.

아이에게 억지로 강요하는 행위는 절대 해서는 안 됩니다. 아이의 성장 발달을 두고 경쟁한다면 그 희생자는 언제나 아이가 됩니다. 아이의 놀이를 계획에 짜 맞추거나 비어 있는 시간 없이 아이의 하루를 쪼개어 계획하는 것도 삼가야 합니다. 아이가 빨리 배운다거나 많은 것을 배운다고 해서 이것을 근거로 아이의 지능을 예측하는 행위 또한 절대 금물입니다.

자, 이제 놀이를 시작해볼까요?

나의 작은 탐험가

I

—

나 그리고
자아 탐색기

~

마침내 아이는 태아 때의 자세에서

완전히 벗어나 세상을 접하기 시작합니다.

자기 주변을 탐험하는 첫걸음을 내디디는 것입니다.

아이는 차츰 자신의 두 발과 두 손, 피부, 뜨거움과 차가움,

냄새, 소리, 얼굴, 목소리, 색깔 등을 발견해나갑니다.

아이가 태어났어요. 처음 몇 주 동안 아이는 감정적이고 정적인 활동만 합니다. 먹고 자면서 사람들의 애정 표현을 자기 나름의 방식으로 받아들입니다. 아이의 팔은 뻣뻣하고, 등은 힘이 없습니다. 그러나 한 주 한 주 시간이 지나면서 상황이 달라집니다. 얼마 지나지 않아 튼튼해진 등 덕분에 머리를 가눌 수 있게 되고, 팔도 쭉 펼 수 있게 됩니다.

이러한 변화는 가히 '제2의 탄생'이라고 표현할 만합니다. 마침내 아이는 태아 때의 자세에서 완전히 벗어나 세상을 접하기 시작합니다. 자기 주변을 탐험하는 첫걸음을 내디디는 것입니다. 아이는 차츰 자신의 두 발과 두 손, 피부, 뜨거움과 차가움, 냄새, 소리, 얼굴, 목소리, 색깔 등을 발견해나갑니다. 이 모든 과정은 점진적으로 아주 오랜 시간에 걸쳐 이루어집니다. 아이는 차차 혼자 힘으로 뒤집고, 기어가고, 앉을 수 있게 되며, 이와 더불어 아이의 모든 감각은 조금씩 눈을 뜹니다.

이 시기에 아이는 다른 사람에게 거의 무관심합니다. 물론 자기 옆에 누워 있는 사람의 머리를 쓰다듬기는 하지만, 아이에게는 바닥에 놓여 있는 물건을 만질 때와 별반 다르지 않습니다.

한동안 이런 상태가 유지되다가 몇 달이 지나면 불가피한 변화가 찾아옵니다. 아직 이유는 밝혀지지 않았지만, 지금까지 방긋방긋 잘 웃던 아이가 자주 울고 처음 보는 얼굴을 무서워하게 됩니다. 그러면서 엄마와 아빠 혹은 자기가 좋아하는 사람과 더 가까워지고, 어떤 물건에 애착을 보이며 손에서 놓으려 하지 않는 등의 행동을 합니다. 대체 아이에게 무슨 일이 벌어진 걸까요? 바로 아이의 심리 발달에서 근본적 단계라 할 수 있는 낯가림 단계에 접어들었기 때문입니다.

이 시기를 낯가림 단계로 명명한 오스트리아의 정신분석학자 레네 슈피츠Rene Spitz는 이 현상이 아이가 생후 9개월 무렵에 일어난다고 했습니다. 하지만 낯가림은 아이에 따라 7개월 때 나타나기도 하고, 12개월 즈음에 나타나기도 합니다. 낯가림을 통해 아이는 태어나 처음으로 사회적 도전에 뛰어듭니다. 감각과 운동 능력이 발달하면서 성장한 아이가 생애 최초로

다른 사람을 의식하게 되는 것입니다. 지금까지는 오롯이 자신에게 집중하며 탐색해왔는데, 어느 날 갑자기 다른 얼굴들이 자신의 영역에 침입하는 셈입니다. 그러면서 아이는 두려움을 느끼게 됩니다. 아이의 발달 단계 가운데 핵심이 되는 시기에 돌입한 것입니다.

이러한 도전을 통해 아이는 비로소 다른 사람들 속에 존재하면서 자신의 사회적 인격을 드러내게 됩니다. 이 도전의 시기를 어떻게 보냈는지가 장차 어른이 되어 다른 사람들과 관계를 맺을 때 결정적 역할을 합니다.

이 이론은 오늘날 정론으로 통합니다. 이러한 도전은 몇 주 또는 몇 달에 걸쳐 여러 단계를 거치며 이루어지기도 하는데, 그동안 우리는 아이에게 특별한 주의를 기울여야 합니다. 이 시기에는 아이를 대하는 방식이나 아이를 돌보는 사람과 장소를 바꾸는 일은 절대 피해야 합니다.

출생 이후 낯가림을 시작하기 전까지의 시기에는 아이의 자아 탐색에 도움이 되는 요소를 포함한 놀이만 소개하려 합니다. 여기에서는 두 가지 종류의 활동, 즉 감각 활동과 운동 활동을 제시합니다.

이 단계에서는 다른 사람들과의 관계 형성에 초점을 맞춘 놀이는 다루지 않습니다. 그렇다면 이 시기에는 다른 사람들과의 관계가 중요하지 않은 걸까요? 섣부른 결론을 내린다면 큰 오산입니다. 이 시기도 다른 시기 못지않게 아이와의 관계가 중요합니다. 오히려 바람직한 인간관계가 없는 환경에서는 그 어떤 놀이를 해도 소용없다고 할 수 있습니다. 마찬가지로 나이에 상관없이 아이가 어른의 보호를 받고 있다고 느끼지 못하는 상황이라면 어떤 놀이를 하더라도 무용지물입니다. 다만 어른이 아이 옆에 항상 붙어 있어야만 아이가 안도감을 느끼는 것은 아닙니다.

당연한 일이겠지만, 여기에 소개한 활동들은 주로 바닥에서 하도록 고안되었습니다. 아이의 원활한 발달을 위해 아이를 온종일 침대에 눕혀둬서는 안 됩니다. 침대 밖 활동을 시작하는 시점은 빠르면 빠를수록 좋습니다. 침대는 휴식을 취하는 장소로 남아야 합니다. 물론 침대에서도 촉각과 청각을 자극하는 다양한 놀이를 할 수는 있습니다. 하지만 아이를 바닥에 내려놓아야 자신에게 필요한 탐색 활동에 오롯이 집중할 수 있습니다. 단, 아이를 바닥에서 놀게 하려면 몇 가지 요소를 따져봐야 합니다. 바닥이 어떤 성질인지, 실내 온도가 몇 도인지, 위험한 물건이나 가구는 없는지 등등을 고려해야 합니다.

필요한 조건이 모두 충족되었다면 아이가 최대한 옷을 입지 않은 상태로 생활공간을 마음껏 돌아다닐 수 있게 해주어야 합니다. 아이의 나이와 무관하게 말입니다. 우리 신체 가운데 자유로울수록 좋은 부위를 꼽으라면 단연 발입니다. 아이의 발바닥 아치와 균형 감각을 잘 발달시키려면 아이가 맨발로 방 안을 마음껏 돌아다닐 수 있게 해주는 것이 가장 좋은 방법입니다.

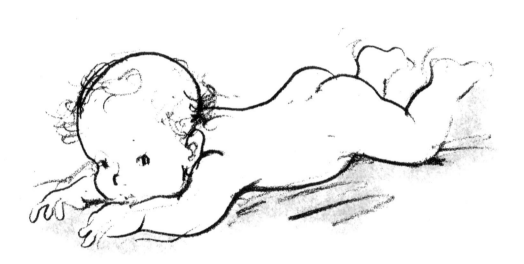

1장

감각 발달

운동 능력과 마찬가지로 감각도 훈련을 통해 키워집니다. 이러한 감각 훈련은 아이를 둘러싼 환경과 밀접하게 관련되어 있습니다.

특히 생애 첫 시기는 아이의 모든 감각 발달에 매우 중요한 시기입니다. 우리는 사람의 감각 능력이 서로 다르다는 사실을 쉽게 확인할 수 있습니다. 성인 10명의 두 눈을 가린 상태에서 이들에게 천을 주고 손의 촉각만으로 어떤 천인지 알아맞히게 하거나, 소리를 들려주면서 어디서 소리가 나는지 맞혀보게 하면 지각 능력이 서로 얼마나 차이가 나는지 분명히 드러납니다. 촉각과 청각뿐만 아니라 모든 감각이 다 그렇습니다.

촉각

아이는 일찍부터 촉각을 통해 자기 주변을 인식하고 관계를 맺습니다. 처음 한동안은 입으로 느끼는 촉각으로 인식하고, 곧이어 손으로 건드리고 만지며 탐색하는 시기가 옵니다. 이때 아이의 주변에 몇 가지 요소를 갖추어주면 이러한 탐색 활동을 활발하게 만들 수 있습니다.

촉각   스펀지 놀이

○ **재료**

각각 밀도가 다른 스펀지 두 조각, 스펀지를 씌울 타월 천.

○ **이렇게 만들어요**

스펀지는 각각 밀도가 다른 것으로 두 조각을 준비합니다(하나는 딱딱하고 하나

는 부드러운 것으로). 스펀지를 다양한 모양으로 잘라 타월 천을 씌워줍니다.

○ **이런 효과가 있어요**

아이의 촉각과 운동 능력 발달에 좋은 놀잇감이 됩니다.

튜브 놀이

○ 재료

커다란 튜브 1개.

○ 이런 효과가 있어요

공기를 반쯤 주입한 커다란 튜브는 뒤에서 소개할 물 매트리스와 비슷한 효과

를 냅니다. 또한 튜브에는 아이들의 관심을 끄는 부분이 하나 더 있습니다. 도

넛처럼 가운데가 뚫려 있는 구멍이 바로 그 주인공이지요. 이 구멍은 많은 아

이가 사랑하는 포근한 아지트 역할을 합니다.

물 매트리스

○ **재료**

비닐 재질의 아동용 공기 주입식 매트리스(투명하면 더 좋습니다).

○ **이렇게 만들어요**

물에 물감을 풀어 색을 입힌 후 그 물을 매트리스에 반쯤 채우세요. 바닥이 물

바다가 되지 않도록 주입구를 잘 잠가주세요.

○ **이런 효과가 있어요**

이렇게 만든 매트리스는 여러 가지 놀이 도구가 됩니다. 아이가 아주 어리더라

도 매트리스 위로 올라가면 매트리스는 압력을 받습니다. 매트리스에는 물이

반만 채워져 있어 이렇게 받은 압력은 아이의 몸 전체로 다시 고스란히 전달

됩니다. 그러면 아이는 마치 춤을 추듯 즉흥적으로 몸을 흔들게 되고, 그 결과

전신의 촉각이 자극됩니다. 또 투명한 매트리스 안에서 색이 있는 물이 이리저

리 움직이는 것을 보면 시각적으로도 자극을 받습니다.

이 밖에도 매트리스 안에서 들리는 물소리에 호기심을 보이는 아이도 많습니

다. 이뿐만 아니라 출렁이며 저절로 움직이는 매트리스를 요람 삼아 그 위에

누워 잠드는 경우도 있습니다.

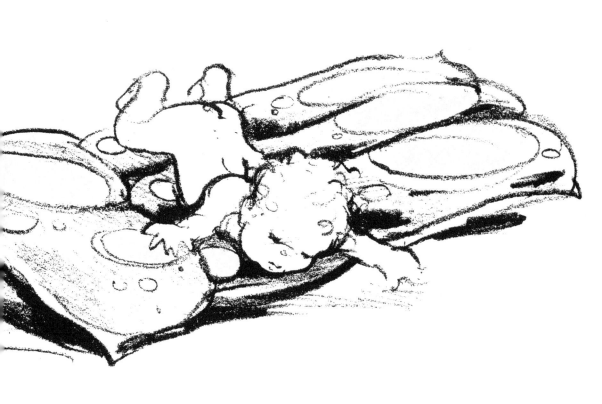

패치워크 매트

○ **재료**

약 50×50cm 크기의 얇은 합판, 다양한 질감의 원단(코듀로이, 부드러운 발 매

트, 인조 모피, 뜨개질한 모직물 등).

○ **이렇게 만들어요**

준비한 원단들을 합판 위에 나란히 붙여 일종의 '패치워크' 스타일 매트를 만

듭니다.

○ **이런 효과가 있어요**

이 매트를 바닥에 두면 아이가 손으로 만지고 싶어 자꾸 찾게 됩니다. 그러면

서 매트에 붙인 다양한 원단을 촉각으로 구별할 수 있게 됩니다.

천과 종이

이 활동에는 별다른 준비가 필요 없습니다. 그저 아이의 손이 닿는 곳에 천과 종이를 놓아두기만 하면 되니까요. 바닥에 놓인 다양한 질감의 천과 종이는 여러 가지 감각 놀잇감이 됩니다. 그중에서도 촉각을 자극하는 놀이로 제격입니다.

촉각으로 관계 형성

아이는 아직 말은 못 하지만, 그래도 꽤 많은 것을 표현하고 인지할 수 있습니다. 아이가 피부를 통해 어른과 접촉하는 것은 주위 사람들과 깊이 있는 관계를 형성하는 첫걸음이 됩니다.

이때 아이와 피부가 맞닿는 어른이 반드시 가족이어야 하는 것은 아닙니다. 아이와 어른이 서로를 만지는 스킨십은 모두에게 꼭 필요한 일입니다. 하지만 오늘날 우리 사회는 촉각으로 관계를 만들어가는 방법을 중시하지 않습니다. 촉각의 중요성을 다시 한번 인식해야 하는 시점입니다.

청각

어린아이의 청각은 오랜 세월 동안 간과되다가 불과 얼마 전에야 탐구 대상이 되기 시작했습니다. 태아기에 다양한 청각적 인지가 이루어진다는 연구 결과가 발표된 것은 극히 최근의 일입니다. 그 결과 아이는 아무것도 듣지 못하는 상태로 태어난다고 믿는 시대는 이제 끝났습니다.

다른 신체 기능과 마찬가지로 청각 역시 아이가 성장하는 소리 환경, 즉 아이가 듣는 음악과 소리 그리고 아이가 내는 소리에 따라 발달합니다.

음악

한때 아이들의 음악적 취향을 두고 어떤 아이는 모차르트를 좋아하고 어떤 아이는 대중가요를 좋아한다며 좋은 취향과 나쁜 취향을 구분하던 때가 있었습니다. 사실 이런 구분은 어른들의 취향에 따른 것일 뿐입니다. 이뿐만 아니라 예전에는 아이들이 날카로운 고음만 인지한다고 생각하기도 했습니다.

하지만 어른들이 너무 아이들을 대신해서 생각하는 것은 좋지 않습니다. 많은 연구 결과에 따르면 어쨌건 3세 미만의 아이들은 모차르트의 음악을 생각만큼 좋아하지 않는 것으로 나타났으니까요. 그러므로 우리 어른들은 어린아이가 다양한 음악을 듣고 기쁨을 느끼는 모습을 옆에서 지켜보는 것으로 만족하면 됩니다. 흔히 아이들에게 유아용 음악만 들려주는 것보다는 라디오의 음악 방송을 들려주는 것이 더 낫다고 합니다. 그중에서도 비유럽권 음악, 예를 들어 남미나 아프리카 음악이 아이들에게 큰 인기가 있습니다.

아이가 있는 방 안에서 음악이 나오는 라디오를 들고 이리저리 왔다 갔다 하기만 해도 여러 가지 즉각적 효과가 나타납니다. 첫째는 청각적 효과입니다. 이것은 젖먹이 아이가 소리가 나는 쪽을 향해 머리를 돌리며 큰 관심을 보이는 모습만 봐도 알 수 있습니다. 둘째는 아이의 전체적 행동에 미치는 효과입니다. 아이가 음악에 '흠뻑 빠져' 활발하게 움직이는 모습을 볼 수 있습니다. 이런 효과를 바탕으로 우리는 음악을 아이들, 특히 여럿이 무리 지어 있을 때 아이들을 진정시키는 방법으로 사용할 수 있습니다.

또한 자리에 앉아서 자신의 주위를 맴도는 음악 소리에 귀를 기울이는 아이도 있습니다. 그러는 동안 아이의 몸에서는 등의 균형을 잡기 위한 반사작용이 무수하게 일어납니다. 이것은 아이가 앉은 자세와 선 자세를 잘 제어하도록 도와주는 역할을 합니다.

○ **꼭 지켜주세요**

음악 청취 시간은 아이의 하루 가운데 특별한 순간이 되어야 합니다. 그런데 너무 오랜 시간 동안 음악을 듣다 보면 포화 상태가 되어 아이가 싫증을 느끼거나 지쳐버립니다. 이렇게 되면 우리의 목표인 감각이 눈뜨는 상태와는 동떨어지고 맙니다. 하루에 특정한 시간을 정해 음악을 들려주는 것이 좋습니다.

소리 나는 양탄자

○ 재료

약 50×50cm 크기의 얇은 합판(이 크기 외에 다양한 크기로 만들어도 됩니다), 눌

렀을 때 소리가 나는 삑삑이 8~10개(마음에 드는 소리를 내는 것으로 고르세요)

통기성이 좋은 천(삼베 천이 좋으며, 크기는 합판보다 크게 준비하세요).

○ 이렇게 만들어요

합판 위에 삑삑이를 붙여주세요. 이때 삑삑이의 바람구멍을 막지 않도록 주의

하세요. 그런 다음 삑삑이 위로 천을 씌워주세요. 천의 여유분을 합판 아래로

접어서 풀로 붙여 고정해주세요.

이 소리 나는 양탄자를 바닥에 두면 아이는 그 위로 올라가 이리저리 기어 다니면서 손으로 삑삑이를 누릅니다. 대부분의 아이들은 그 즉시 소리에 큰 관심을 보이고, 그 소리가 어디서 나는지 손으로 만지고 귀로 들으면서 찾기 시작합니다.

청각 바닥에 소리 나는 물건 놓기

이때 다양한 소리가 나는 물건을 놓는 것이 중요합니다. 딸랑이 말고도 어린아이에게 소리에 대한 흥미를 일깨울 수 있는 물건은 많습니다. 예를 들면 다음과 같은 물건들입니다.

• 실에 걸어둔 다양한 소리를 내는 방울들.

• 실에 꿰어놓은 자개 등으로 만든 단추들.

• 다양한 크기의 작은 종. 크기가 다른 만큼 매우 다양한 소리가 납니다.

금속 재질의 통에 쌀이나 렌즈콩 등을 채우면 아이의 관심을 집중시키는, 소리 나는 놀잇감이 됩니다. 물론 이때 위험을 방지하기 위해 뚜껑을 잘 닫아야 합니다.

여러 모양의 통을 활용하면 아이가 통을 다양하게 사용할 수 있습니다. 예를 들어 원통을 굴리면 계속 소리가 나기 때문에 아이의 관심을 그만큼 더 끌 수 있습니다.

그 밖에도 이 놀이를 더 풍부하게 활용하는 방법이 있습니다. 같은 모양, 같은 부피, 같은 색상을 지닌 비슷하게 생긴 통 2~3개를 준비합니다. 그런 다음 각각의 통에 다른 물건을 채웁니다. 한 통에는 쌀을, 또 한 통에는 작은 나사를, 나머지 한 통에는 말린 콩을 넣는 식입니다. 이렇게 하면 겉으로는 비슷해 보이지만, 3개의 통에서는 모두 다른 소리가 납니다. 그러면 아이는 금세 각각의 소리를 구별하는 법을 배우고, 그 결과 매우 섬세한 청각 인지 능력이 생깁니다.

트레이싱페이퍼는 또 다른 성질의 소리 나는 물건입니다. 이 종이를 만질 때 나는 소리에는 큰 매력이 있습니다.

음악이 있는 공간

방 한쪽 구석에 모빌을 달아 음악이 있는 공간을 만듭니다. 아이가 혼자 앉아서 몸을 가눌 수 있게 되면 이렇게 매달아놓은 모빌에 새로운 관심을 보이기 시작합니다. 그런데 아이가 혼자 앉아 있으려면 운동 능력(힘, 평형감각)은 물론, 앉고 싶은 욕구가 있어야 합니다.

방에 모빌을 달 때는 아이가 일어나 앉아서 건드려야만 소리가 나는 높이에 고정하세요. 그러면 소리를 내는 기쁨에 눈을 뜬 아이는 앉은 자세를 유지하고 싶어 합니다. 이때 줄에는 온갖 종류의 물건을 다 달 수 있습니다.

· 서로 길이가 다른 구리(혹은 금속) 파이프 2~3개. 아이가 손으로 파이프를 건드려 서로 부딪치게 만듭니다. 소리가 퍼져나가면서 아이의 관심을 유발합니다.

· 앞서 언급했듯 다양한 물건을 넣은 금속 통.

· 클라베 2개. 소리가 매우 잘 울리는 원통형의 목제 타악기로 악기점 등에서 구입할 수 있습니다.

· 방울, 작은 종 등.

○ 꼭 지켜주세요

이런 물건들을 달 때는 나일론 줄(굵은 낚싯줄)로 고정해야 소리가 최대한 끊기지 않습니다. 특히 구리 파이프를 달 경우 반드시 나일론 줄을 사용해야 합니다. 줄에 다는 물건에 색을 칠하면 소리의 품질이 떨어지기 때문에 색칠은 피해야 합니다.

모빌의 높이는 아이가 앉은 자세에서 손을 머리 위로 살짝 들어 올렸을 때 손이 물건에 닿을 수 있는 정도가 좋습니다. 이렇게 하면 주변에서 놀고 있는 다른 또래 아이들이 다칠 위험도 없습니다.

○ 이런 효과가 있어요

음악이 있는 공간은 이 밖에도 여러 장점이 있습니다. 먼저 이 공간을 항상 같은 장소로 고정해두면 아이에게 또 다른 방식의 자극이 됩니다. 아이가 소리가 나는 곳으로 찾아가야 하기 때문입니다. 이 시기의 아이는 이렇게 고정된 장소를 안정적인 기준으로 삼아 자기가 있는 공간을 구별하고 알아보게 됩니다.

다음으로 아이가 앉은 자세에서 양팔을 살짝 들어 올려 물건을 만지면 몸의 자세 반사가 더욱 증가합니다. 이러한 자세 반사가 척추에서 조금씩 발달하면 아이는 기어 다니는 초기 단계에서 두 발로 일어서는 마지막 단계로 넘어가게 됩니다. 자세 반사가 잘 발달하면 아이에게 안정감이 생겨 혼자서 일어설 수 있는 용기를 얻습니다.

후각

후각이 충분히 발달하려면 환경이 중요합니다. 때문에 도시 아이들의 경우 그만큼 후각 발달이 더 우려됩니다. 그 이유는 불쾌한 냄새가 나는 도시환경 때문이기도 하지만, 다른 한편으로는 유아용 물건의 후각적 자극이 풍부하지 않기 때문입니다. 이런 유아용품은 주로 고무나 플라스틱, 부드러운 합성섬유로 만들어지기 때문에 유발하는 흥미가 아주 제한적일 수밖에 없습니다. 앞으로는 목재로 만든 제품이 많아질 것으로 보입니다(실제로 점점 많은 장난감 회사가 목재로 만든 장난감을 선보이고 있습니다). 나무로 만든 장난감을 고를 때는 아무리 친환경 제품이라 하더라도 니스나 페인트를 칠하지 않은 것으로 고르세요. 그래야 아이들이 재료로 사용한 다양한 종류의 나무를 구별할 수 있게 됩니다.

오늘날 우리는 냄새보다 향기를 선호하는 세상에 살고 있습니다. 그 결과 우리는 상당히 많은 기쁨의 원천과 기준을 잃어버리고 말았습니다. 하지만 (후각의 고귀한 기능을 거부하며) 아무리 후각을 무시하려 해도 다른 사람들을 인식할 때 후각은 매우 중요한 역할을 합니다. 무언가를 알아차린다는 의미로 '냄새를 맡다'라는 표현이 있는 것만 보아도 잊히고 등한시되던 후각이라는 기능이 얼마나 중요한지 잘 알 수 있습니다.

냄새 주머니

○ **재료**

색상이 선명하고 통기성이 있는 천 조각(면이나 삼베), 주머니에 넣을 다양한

천연 재료(라벤더 · 타임 · 민트 같은 허브, 캠퍼 · 민트 등).

○ **이렇게 만들어요**

약 4×6cm 크기의 직사각형 모양 주머니를 같은 크기, 같은 색상으로 여러 개

만듭니다. 주머니마다 각기 다른 내용물을 채워 6~8개의 다른 향이 나는 주

머니를 만드세요. 내용물을 채운 뒤 잘 꿰매어 봉해줍니다.

이렇게 만든 작은 주머니들을 바닥에 놓아두면 아이는 금세 관심을 보입니다. 곧이어 아이가 후각 탐색을 시작하는 모습을 보면 놀랍습니다. 특히 아이마다 선호하는 냄새 취향도 확인할 수 있습니다. 아이는 6~8개의 주머니 가운데 자신이 좋아하는 냄새가 나는 주머니를 찾습니다. 쾌락 원리에 따라 이렇게 후각 인식 놀이를 하면서 아이의 식별력이 발달됩니다.

후각을 자극하는 모든 순간

아이의 후각은 모든 것으로부터 자극을 받습니다. 모든 순간이 아이가 냄새를 발견하고 인식하는 기회가 됩니다. 식사 시간이나 요리할 때 나는 음식 냄새와 꽃 냄새(꽃 냄새는 어른이 있든 없든 맡을 수 있습니다)는 아이의 후각을 깨우는 중요한 역할을 합니다.

시각

아이가 가장 먼저 자기 주변 사람들, 자기가 사는 곳 그리고 자기 자신을 알아볼 수 있게 해주는 감각 중 하나가 바로 시각입니다. 아이는 아주 일찍부터 자신이 좋아하는 색과 싫어하는 색을 구별하는 취향을 갖게 됩니다. 처음에는 아이의 시력이 근시라서 강렬한 색상에만 관심을 보입니다. 어린 아이의 시각적 환경을 조성할 때는 이러한 사실을 고려해야 합니다.

거울 놀이

아이가 일찍부터 거울 보기를 즐겨 한다는 사실은 누구나 알고 있을 것입니다. 이렇게 아이가 자아를 탐색하는 모습을 보면 자신의 이미지를 인지하는 것이 얼마나 중요한지 알 수 있습니다. 자신의 이미지가 일깨워주는 희열을 통해 아이는 점차 효과적으로 정체성을 찾게 됩니다.

그런데 우리가 관심을 가져야 할 중요한 사실이 있습니다. 우리는 눈앞에 있는 거울에 비친 자신의 이미지를 완벽하게 알고 있더라도 거울의 장난으로 자신의 옆모습이나 뒷모습을 보고 놀라는 경우가 종종 있습니다. 게다가 우리는 자기 자신을 너무도 잘 알고 있음에도 자기 코의 길이나 턱의 모양을 보고 문득 놀라기도 합니다. 이렇게 순간순간 속아 넘어가는 이유는 우리가 1차원적인 평면 이미지만을 인지하기 때문입니다.

아이가 있는 방 안에 2~3개의 거울을 서로 직각을 이루도록 붙여 세우면 즉각적으로 놀이가 만들어집니다. 이 거울들에 비친 모습을 보며 아이는 자신의 정체성에 대한 정보를 얻게 됩니다.

○ 재료

거울 2개, 가로세로 60cm 크기의 합판과 거울 필름 1개씩.

○ 이렇게 만들어요

방 한쪽 모퉁이의 서로 맞닿은 양쪽 벽에 거울 2개를 설치하세요. 세 번째 거

울 대신으로 사용할 가로세로 60cm 크기의 합판은 거울이 있는 벽 중 하나와

마주 보게 세웁니다. 이 합판을 벽과 바닥에 단단히 고정하세요. 그런 다음 거

울과 마주하는 면에 실물대로 반사하는 거울 필름을 붙입니다. 이렇게 하면 벽

이 아닌 곳에 유리 거울을 세우는 위험을 피할 수 있습니다.

강렬한 색상

아이는 태어나서 처음 몇 달 동안은 선명한 색상을 조금밖에 지각하지 못합니다. 그러나 자아 탐색을 하는 동안에는 특히 자신이 생활하고 있는 공간을 탐지하게 됩니다. 따라서 이 시기에는 아이의 눈높이에 맞게 벽에 강렬한 색을 입히는 것이 중요합니다. 이때 아이가 눈으로 벽을 알아볼 수 있도록 충분히 구별되는 색상을 선택하세요. 아이가 직접 접촉하는 환경에 있는 여러 작은 소품들(쿠션, 딸랑이 등)은 색상이 강렬할수록 시각적으로 아이의 흥미를 유발합니다.

숨은 물건 찾기

이 놀이는 아이가 좋아하는 물건을 숨긴 다음, 그 물건을 찾게 만드는 것입니다. 매우 중요한 이 놀이는 아이의 감각과 운동능력을 상당히 발달시킵니다.

다만 한 가지 주의 사항이 있습니다. 물건을 숨길 때 아이에게서 너무 멀리 떨어진 곳에 숨기면 안 된다는 것입니다. 어린아이는 상당히 오랫동안 근시안을 유지하기 때문에 시각 조절 거리가 짧아서 너무 먼 곳에 있는 물건을 보지 못합니다. 그래서 그 물건을 찾을 시도조차 하지 않습니다. 그러면 놀이가 금세 끝나버리고 아이는 울기 시작합니다. 자기 물건을 잃어버렸다고, 빼앗겼다고 생각하기 때문입니다.

취향과 색상

아이가 아주 어릴 때는 어떤 색을 얼마나 좋아하고, 어떤 색을 얼마나 싫어하는 지 확인하기가 어렵습니다. 그래도 아이의 옷이나 방의 벽지 색상을 선택할 때는 아이가 좋아하는 색을 고려해야겠지요. 이 경우 아이의 색 취향을 쉽게 알아낼 수 있는 간단한 놀이가 하나 있습니다. 이 놀이에는 다양한 명도의 색상으로 구 성된 색견본만 있으면 됩니다. 아이가 색견본을 관찰하는 모습을 보면 어떤 색에 관심을 보이는지 알 수 있습니다. 몇 주 간격으로 여러 차례 이 놀이를 반복하면 아이가 항상 같은 색에 시선을 멈추는 것을 확인할 수 있습니다.

이것을 귀중한 지표로 삼아 어른들은 아이가 말로 표현하기 전에 아이의 취향을 알 수 있습니다. 이를 바탕으로 아이의 취향에 맞는 색상으로 이루어진 세계를 마련해주면 아이는 그 안에서 즐거운 마음으로 성장해갑니다.

어린이집과 같이 어린아이가 여럿이 머무는 장소라면 아이들의 놀이방 벽을 적어도 아랫 부분만이라도 다양한 색상으로 조화롭게 꾸 며주세요. 그러면 아이들은 각자 자신이 좋아 하는 색을 발견하게 됩니다.

미각

다른 감각과 마찬가지로 미각 역시 아이가 태어난 후 처음 몇 해 동안에 걸

쳐 발달합니다. 그리고 미각 또한 관계를 형성하는 중요한 수단이 됩니다.

다양한 음식

미각은 출생 후 처음 몇 해 동안 형성됩니다. 그중에서도 아이가 맨 처음 입으로 인식하는 시기인 구강기에 많이 발달합니다. 그러므로 아이가 아주 어릴 때부터 다양한 음식을 접하게 하는 것이 좋습니다. 단맛과 짠맛을 구별할 수 있도록 단 음식과 짠 음식을 번갈아 주는 것은 물론, 미각을 발달시키는 데 도움이 되는 여러 향신료도 조금씩 첨가해 주는 것이 좋습니다. 이뿐만 아니라 요리 방법을 다양화하는 것도 바람직합니다.

유치원생을 대상으로 한 실험 결과, 아이에게도 음식을 어떻게 차려내느냐가 매우 중요하다는 사실이 밝혀졌습니다. 눈으로 보았을 때 아이의 마음에 드는 음식은 아이에게 음식을 선택하고 먹는 즐거움을 선사합니다.

식사 순서

다른 감각과 마찬가지로 미각 역시 어른들이 아이를 대신해서 결정하지 않는 것이 좋습니다. 더 정확히 말하자면 어른의 식습관을 아이에게 강요해서는 안 된다는 말입니다. 어른의 식습관 가운데에는 어린아이의 욕구에 맞지 않는 것도 있기 때문입니다.

이 점은 특히 식사 중에 음식을 먹는 순서를 정할 때 기억해야 합니다. 어른이 식사를 할 때와 같은 순서로 먹일 필요는 없습니다. 많은 아이가 어른과는 다른 순서로 음식을 먹습니다. 식사 전에 과일을 먹을 수도 있고, 밥과 국을 따로따로 먹을 수도 있습니다. 여러분이 받아들이기 어렵다고 하더라도 아이의 선택을 존중해주세요. 아이의 미각과 취향을 고려해준다면 아이가 중간에 밥 먹기를 거부하는 일도 없을 것입니다.

2장

운동 발달

　우리는 종종 아이의 운동감각이 발달하는 속도에 놀라곤 합니다. 물론 이때도 시기별 발달 순서를 따라가는 것이 중요하지만, 그보다 여러 운동 기능이 조화롭게 발달하는 것이 더욱 중요합니다. 운동 발달은 온몸에서 이루어집니다. 주먹을 쥐고 있던 손이 조금씩 펴지고, 손으로 잡는 힘도 점점 강하고 섬세해집니다. 발에는 안정감이 생기고, 등에는 더 많은 힘과 반사가 생기는 등 몸의 변화가 일어납니다.

　이러한 운동 능력은 언제나 상호 연결되어 습득되고, 단순한 운동 능력 이상의 결과를 낳습니다. 운동 능력이 발달할 때마다 아이는 자신을 둘러싼 세상과 접촉할 새로운 수단을 얻고, 사물과 사람에 대한 새로운 영향력도 갖게 되기 때문입니다.

　따라서 운동 발달을 감각 발달이나 아이의 인간관계 형성과 따로 떼어서 생각할 수는 없습니다. 다만 이 장에서는 운동 기능의 두 가지 측면, 즉 운동 기능 그 자체와 신체 이미지에 대해 이야기하겠습니다.

운동 기능

아이의 운동 발달을 도우려면 위험 요소가 없는 공간에서, 적정한 온도에서, 가능한 한 어릴 때부터, 옷을 입지 않은 상태로, 바닥에서 혼자 움직이도록 내버려두는 것이 중요합니다.

앞서 소개한 여러 물건을 아이 주변에 놓아두면 아이가 언제나 무의식적으로 새로운 힘과 능력을 발휘하는 데 도움이 됩니다. 예를 들면 스펀지 놀이(p.34), 튜브 놀이(p.35), 물 매트리스(p.36)가 그렇습니다.

이렇듯 놀이는 아이에게 기쁨을 주는 것뿐만 아니라 새로운 능력을 습득하는 데에도 기여합니다.

운동 협응력 놀이

운동 협응력이란 팔다리의 움직임을 최대한 서로 연결하는 기본 운동 능력을 말합니다. 다른 운동 능력과 마찬가지로 운동 협응력도 영아기 초기부터 습득해야 하는 능력입니다.

그렇다면 성인의 경우 이러한 운동 협응력을 어떻게 확인할 수 있을까요? 우리는 누구나 거리를 걸어가면서 귀를 긁을 수 있습니다. 바로 이것이 운동 협응력의 첫 번째 예입니다. 하지만 오른손으로는 네모를, 왼손으로는 동그라미를 그려보라고 하면 대부분의 사람이 그리지 못합니다.

자, 조금 더 멀리 가볼까요? (오른발, 왼발, 오른손, 왼손으로) 동시에 네 가지 다른 리듬을 표시하는 것은 운동 협응력을 발휘하는 일이기는 하지만, 이렇게 할 수 있는 사람은 거의 없습니다. 자판을 치거나 피아노를 연주하는 데 필요한 능숙함, 정확성, 속도와 같은 운동 능력을 위해서는 협응력을 습득하는 것이 중요합니다.

영아기에 할 수 있는 운동 협응력 놀이는 그리 많지 않습니다. 그래도 몇 가지 놀이 아이디어는 활용할 만합니다. 특히 다음에 소개하는 바닥에서 하는 후프 놀이와 탬버린 놀이가 대표적입니다.

바닥에서 하는 후프 놀이

○ 재료

물 호스, 마개, 접착제, 라이터.

○ 이렇게 만들어요

물 호스로 여러 가지 크기의 후프를 만드세요. 호스를 이어 하나의 후프로 만들기 위해 접착제를 바른 마개 1개를 호스 한쪽 끝에 끼워서 붙여줍니다. 호스의 양쪽 끝을 붙이기 전에 다양한 크기의 후프를 모두 고리처럼 연결합니다. 그리고 호스의 양쪽 끝을 끼워서 붙여주세요. 라이터로 후프가 교차하는 부분에 열을 살짝 가해 붙여주면 각각의 후프가 달라붙어 튼튼하게 고정됩니다. 이렇게 붙여서 연결한 후프를 바닥에 놓고 아이가 오기만을 기다리세요.

기어서 후프 앞에 도달한 아이는 가던 길을 계속 가려면 호스 두께만큼 생긴

작은 장애물을 건너가야 합니다. 그런데 후프의 크기가 다양해 아이의 팔다리는

각기 다른 순간에 장애물에 부딪힙니다. 이렇듯 팔다리의 행동을 분리하는 첫

작업은 아이의 운동 협응력을 키우는 데 효과적입니다. 이뿐만 아니라 아이가

제 몸을 의식(자아 탐색)하는 데에도 유용합니다.

**탬버린
놀이** ○ **재료**

한 면이 작은 북처럼 막혀있고, 테두리에는 작은 심벌즈가 붙어

있는 탬버린 1개.

○ **이런 효과가 있어요**

아이가 혼자 앉아 있을 수 있게 되면 주변에 이런 물건을 놓아두는 것이 좋습니

다. 아이는 탬버린을 사용하기 위해 두 가지 다른 행동을 결합하게 되니까요.

• 한 손으로는 탬버린을 들고 흔들어 소리를 내고

• 다른 손으로는 탬버린의 북을 칩니다.

이렇게 두 가지 행동을 결합하는 것은 팔의 운동 협응력을 발휘하려는 첫 시

도라 할 수 있습니다.

경사면 놀이

어린아이는 전반적이고 무의식적인 운동 활동을 가장 적극적으로 합니다. 이러한

운동 능력 중에서도 많은 능력(평형감각, 힘, 현기증 감소 등)을 습득하는 데 도움이

되는 놀이가 경사면 놀이입니다. 아이 주변에 다양한 경사면을 만들어주면 아이

는 아무 위험 없이 자신이 원하는 방식과 속도로 경사면을 기어 올라갑니다.

○ 재료

커다란 스펀지.

○ 이렇게 만들어요

만들고 싶은 경사도에 따라 스펀지를 완만하게 또는 가파른 모양으로 자르거

나 계단처럼 층층이 올라갈 수 있게 잘라주세요.

○ 이런 효과가 있어요

밀도가 서로 다른 스펀지를 다양하게 활용하면 아이의 몸 전체에 촉각 자극을

주어 탐색 활동이 더욱 풍요로워집니다.

손의 발달과 놀이

손은 여러 단계를 거쳐 발달해 영아기 초기(생후 0~8개월)가 끝날 무렵에는 엄지와 검지를 이용해 작은 물건을 집을 수 있게 됩니다. 이렇게 섬세하게 물건을 집을 수 있다는 것은 일련의 습득 과정을 거쳐 최고의 경지에 올랐다는 뜻입니다.

자, 그럼 어떤 습득 과정을 거쳐야 하는지 되짚어볼까요. 가장 먼저 신생아들은 엄지가 나머지 구부린 손가락 아래에 갇힌 상태로 주먹을 쥐고 있습니다. 그러다가 손이 펴지면서 아이는 물건을 잡기 시작합니다.

이후 점차 각 손가락의 움직임이 분리됩니다. 그리고 마침내 결정적 단계에 이릅니다. 엄지가 다른 손가락들과 정반대에, 다시 말해 마주 보는 위치에 오게 됩니다. 그 결과 아이에게는 물건을 집을 수 있는 '집게'가 생겼습니다. 이제는 아이의 손이 정말로 똑똑해져서 점점 크기가 작고 모양이 다양한 물건을 집을 수 있습니다. 아이는 손으로 무언가를 만지작대는 기쁨을 발견합니다. 그리고 촉각을 통해 자기를 둘러싼 세상에 대한 정보를 얻습니다.

아이의 손 감각을 일깨우려면 아이가 생활하는 환경에 다양한 재질과 형태, 부피의 가진 물건을 두어야 합니다. 작은 물건을 많이 집을수록 아이의 손 감각은 더 많이 발달합니다.

다만 한 가지 주의할 점이 있습니다. 아주 작은 물건은 아이가 삼키거나 콧속에

집어넣을 위험이 있기 때문에 주변에 두지 말아야 합니다. 이런 안전상의 문제로 보통 어린아이는 작은 물건을 만질 기회가 거의 없습니다. 이 문제를 어떻게 해결해야 할까요?

이럴 때는 가끔 아이 주변에 삼켜도 위험하지 않으면서 크기가 아주 작은 물건을 놓아두면 됩니다. 예를 들면 쌀이나 굵은 밀가루, 굵은소금 알갱이 같은 음식물을 활용하는 것입니다. 이렇게 하면 아이는 느긋하게 작은 물건을 손으로 만지고 조작할 수 있습니다. 그리고 손으로 아주 작은 것을 집으면서 느끼는 기쁨에 온전히 빠져듭니다.

모빌

집이든 어린이집이든 아이가 있는 곳에는 멋진 모빌이 공간을 장식하고 있습니다. 그런데 이 모빌은 대부분 바닥에서 1.5m~2m 높이에 달려 있습니다. 그러면 바닥에 엎드려 있거나, 앉아 있거나, 기어 다니는 아이에게 이 모빌은 무용지물입니다. 따라서 모빌은 다양한 재료로 만들고 다르게 배치하는 것이 좋습니다. 그리고 모빌을 설치할 때는 아이 눈높이에 맞게 다양한 높이로 달아주어야 합니다. 기어 다니는 아이와 혼자 앉을 수 있는 아이 모두에게 자극을 주어 높은 곳을 향하게 만들려면 그에 맞는 두 가지 높이로 다는 것이 좋습니다.

자, 그럼 모빌을 이렇게 설치했을 때 장점은 무엇인지 살펴볼까요?

높은 곳을 향한 관심 아직 걷지 못하고 바닥에서 주로 생활하는 어린아이는 앞과 뒤, 왼쪽과 오른쪽만 있는 2차원 세계에서 살고 있습니다. 따라서 아이의 관심을 높은 곳으로 유도해줄 물건을 주변 환경 속에 마련해야 합니다. 이러한 자극은 아이에게 등의 힘을 키우고 공간 지각력을 길러줍니다.

아이가 앉아 있을 때 팔을 살짝 들어 올리면 잡을 수 있는 높이에 모빌을 설치하면 아이의 관심은 당연히 높은 곳으로 향합니다. 그리고 이때 모빌은 아이 등의 평형감각을 발달시키는 역할을 합니다. 모빌을 가지고 놀려면 더 이상 손으로 몸을 지탱할 수는 없으니까요. 그럼으로써 아이는 자연스럽게 등의 평형감각을 키우는 것은 물론, 장차 두 발로 서는 데(서 있는 자세) 필요한 힘 또한 키우게 됩니다.

손으로 만지는 모빌

모빌을 손으로 만지면 촉각을 통해 느끼는 기쁨도 커집니다. 그러므로 아주 다양한 재료를 사용해 만들어주세요.

○ **이렇게 만들어요**

고무줄 끝에 방울이나 작은 종, 강렬한 색상의 털실 뭉치, 나무로 만든 딸랑이 등을 달아주세요.

주의 사항: 모빌은 망가지기 쉽거나 위험하면 안 됩니다. 모빌의 높이는 아이가 기어 다니는 단계에 있는지, 아니면 혼자 앉아 있는 단계에 있는지에 따라 알맞게 조절해야 합니다. 아이가 기어 다니는 경우 바닥에서 20cm 높이에 오도록 달아주세요. 아이가 앉아 있는 단계에 있다면 (아이가 앉았을 때) 머리보다 약간 더 높은 위치에 설치해주세요.

혹시 천장이 너무 높거나 튼튼하지 않다면 방 한쪽 모퉁이의 양쪽 벽에 금속 봉을 부착해 모빌을 달아주세요. 그러면 아이가 스스로 원할 때 찾아갈 수 있는 '모빌 코너'가 탄생합니다.

물 매트리스

촉각 발달을 위해 활용한 물 매트리스(p.36)는 혼자 앉아 있을 수 있는 아이에게 등의 평형감각을 키울 수 있는 훌륭한 놀잇감이 됩니다. 또한 기어 다니는 단계에 있는 아이에게는 미끄러지고, 기어 올라가는 최고의 경사면이 되어주기도 합니다.

신체 이미지

아이들은 영아기 동안 점진적으로 자기 몸에 대해 어떤 이미지를 갖게 됩니다. 누군가 자산의 몸을 만지고, 거울에 비친 자신의 모습을 보고, 뜨거운 것과 차가운 것의 접촉을 인지하고, 발과 손을 가지고 노는 등 그동안에 쌓은 여러 경험을 바탕으로 아이들은 머릿속에 자기 자신의 몽타주를 만들고, 이것을 마음에 품은 채 행동합니다. 몇 년이 지나 특정한 나이가 되면 이 이미지는 고착됩니다. 그러면 우리는 이 이미지가 좋건 나쁘건, 다시 말해 이 이미지가 현실과 맞아떨어지건 맞아떨어지지 않건 아이 때나 어른이 되어서나 이 이미지에 따라 행동하게 됩니다. 이런 주장의 근거로 다음과 같은 두 가지 사례를 들 수 있습니다.

야외에 장이 설 때 보면 금속 파이프를 골조로 삼아 천막을 치고 판매대를 세우는 것을 볼 수 있습니다. 이 간이 판매대를 지날 때 바닥에서 180cm 정도 높이의 천막 앞에 서면 사람들이 자연스레 머리를 숙이는 반사 반응을 보이는 경우가 많습니다. 어떤 사람은 실제 키가 160cm밖에 되지 않는데도 말입니다. 바로 이것이 자신의 신체 이미지를 현실과 무관하게 가지고 있는 경우라고 하겠습니다. 이런 사람은 자기가 실제 키보다 크다는 인식을 지닌 것입니다.

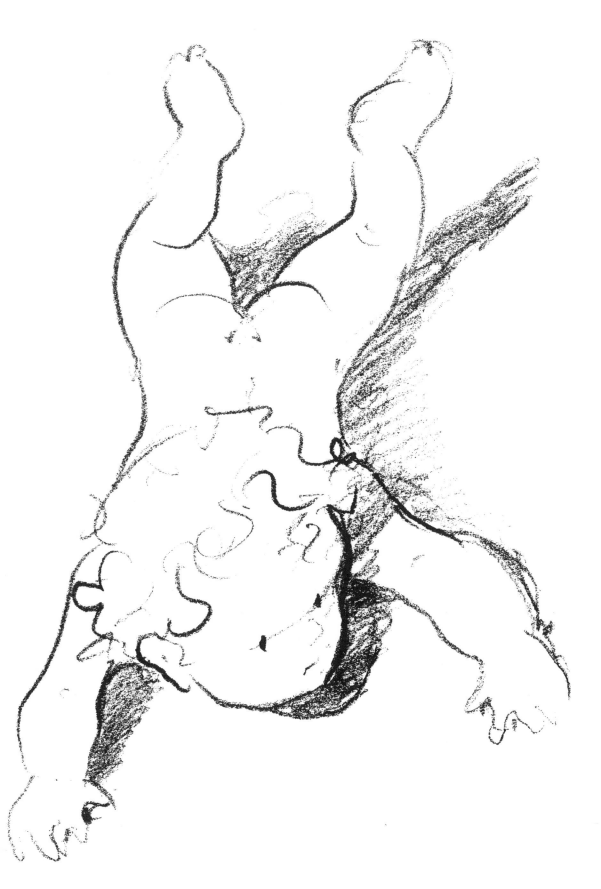

또 다른 예를 들어보겠습니다. 여러 명의 성인에게 바닥에 누워 눈을 감은 채 머릿속으로 오른팔을 죽 따라 내려오면서 그 길이를 가늠해보라고 합니다. 그런 다음 왼팔도 마찬가지로 길이를 가늠하게 한 뒤, 실제로 양팔의 길이를 비교하게 합니다. 놀랍게도 어떤 사람은 오른팔이 왼팔보다 길다고 인식하고, 또 어떤 사람은 반대로 왼팔이 오른팔보다 길다고 생각합니다. 이처럼 사람들이 자신의 신체에 대해 가지고 있는 이미지는 실제 이미지와 다른 경우가 많습니다.

자신의 신체 이미지에 따라 일상생활에 영향을 받는다는 점에서 자기 몸에 대한 이미지를 어떻게 가지느냐는 매우 중요한 문제입니다. 예들 들어 오른손잡이인 어떤 사람이 실제보다 자기 오른팔이 더 길다고 인식한다면 앞에 놓인 물건을 제대로 잡지 못해 엎어버리는 실수를 자주 하게 됩니다.

이뿐만 아니라 과거 청소년과 성인에게서 병적인 것으로 간주되었던 많은 문제(척추 변형, 평발, 요족 등)가 단지 잘못된 신체 이미지와 자기 인식에서 온 경우도 많다는 사실이 밝혀졌습니다. 따라서 어린아이의 운동 능력 학습 차원에서 아이가 자기 자신에 대해 가능한 한 실제와 가까운 이미지를 가질 수 있도록 도와주는 것이 중요합니다. 이를 위해 효과적인 활동 몇 가지를 소개합니다.

거울 놀이

앞서 시각 자극 놀잇감으로 소개한 거울 놀이(p.60)는 아이가 자기 몸에 대한 올바른 이미지를 가지는 데 유용한 매체가 됩니다. 앞서도 언급했지만, 2~3개의 거울을 통해 아이는 자신의 정면과 뒷모습, 옆모습을 알아가며, 자기 자신에 대해 평면적 이미지가 아닌 다차원적 이미지를 가지게 됩니다.

물장난

물은 다양한 온도와 농도를 통해 아이의 몸 주변에서 생성된 여러 메시지를 아이에게 전달합니다. 따라서 목욕 시간은 아이가 자신의 몸과 만날 수 있는 특별한 시간이 되어야 합니다. 또한 어른과도 만나는 매개체 역할을 해야 합니다. 쓰다듬기와 가벼운 터치 속에는 기쁨과 행복을 주는 메시지가 가득하니까요. 욕조나 수영장에서 물놀이를 함께 하면 풍요로운 감정의 공유가 늘어납니다.

등의 감각 놀이

우리 몸에서 스스로 파악하기 가장 어려운 부위 가운데 하나가 바로 등입니다. 등의 위치가 하나의 원인이기도 하지요. 잘 보이지 않으니까요. 우리는 흔히 외부 자극을 통해서만 등을 인지합니다. 예를 들면 꽉 끼거나 피부에 자극을 주는 옷을 입었을 때, 등에 통증을 느낄 때, 물에 닿았을 때, 등에 손을 대었을 때 감각을 느낄 수 있습니다.

아이의 등을 자극하는 놀이는 아이가 자기 몸 가운데 눈에 보이지 않는 등의 감각을 탐색할 수 있는 특별한 방법이기도 합니다.

○ 이렇게 놀아요

아이를 자리에 편안하게 앉힙니다. 그런 다음 검지로 아이 등의 한 지점을 아주 살짝 눌러주세요. 이어 척추를 중심으로 같은 높이에 있는 지점을 마찬가지로 살짝 눌러주세요. 항상 척추를 기준으로 대칭이 되는 양쪽을 살짝 눌러주면 됩니다.

○ 이런 효과가 있어요

아이의 등을 살짝 누를 때마다 등 전체가, 정확하게는 등과 연결된 부분이 가볍게 움직입니다. 다시 말해 아이의 등에서 터치하는 부분이 움츠러들며 반응하는 것이지요.

다양한 지점을 눌러주면 등에서 여러 감각을 느끼며, 이를 통해 아이는 보이지 않는 부분도 자기 몸의 일부로 받아들이게 됩니다.

게다가 이 놀이는 금세 아이의 기분을 좋게 만들어줍니다. 덕분에 아이와 어른 모두 큰 기쁨과 재미를 느낄 수 있습니다.

붕대 천으로 만든 터널 놀이

어른이나 아이 모두에게 공통되는 유명한 시각 현상으로 광학적 축소 효과가 있습니다. 이런 현상은 멀리 있는 것이 작게 보이는 원근감 때문에 생깁니다. 예를 들면 우리가 길게 쭉 뻗은 도로 위에 서 있을 때, 저 멀리 보이는 도로 끝부분이 출발점보다 좁게 보이고 우리 몸이 도로 끝보다 커 보이는 현상과 같습니다.

이런 현상은 순전히 시각적인 것에 불과하지만, 어떤 아이들에게는 축소에 대한 공포감을 불러일으키기도 합니다. 터널에 들어갔을 때 불안감을 느끼거나 아주 어둡고 긴 통로에서 두려움을 느끼는 것이 그 예이지요. 그런데 아이들을 대상으로 실험한 결과, 아주 어린 아이들이 이런 공포감을 극복하는 데 도움이 되는 놀이가 있었습니다.

○ **재료**

아치형 금속 파이프 2개(DIY 매장에서 구입할 수 있습니다), 깁스 안에 양말처럼 씌우는 용도로 쓰는 저지 소재의 붕대(약국에서 지름이 가장 넓은 것으로 구입하세요. 스타킹이나 타이츠, 탄력 있는 옷을 활용해도 좋습니다).

○ **이렇게 만들어요**

아치형 금속 파이프 2개를 양쪽에 단단히 고정하세요. 그런 다음 그 위에 붕대나 스타킹 등을 씌워 그물 형태의 터널을 만들어주세요.

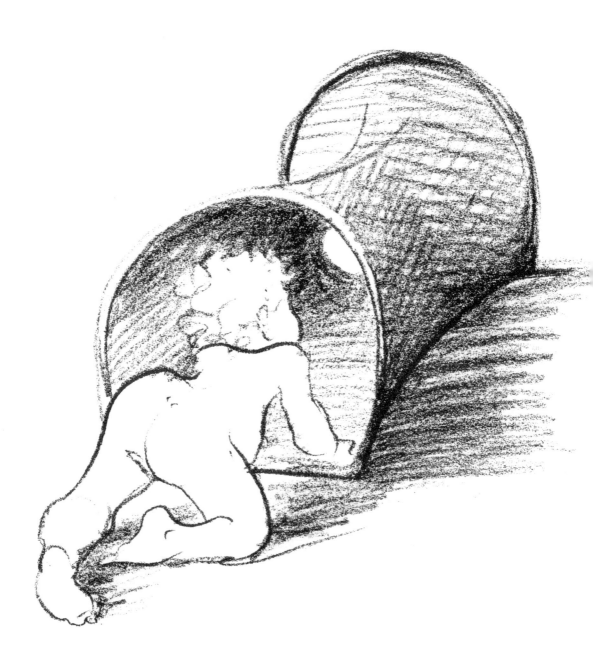

붕대가 탄력이 있어 아치의 지름에 맞게 늘어납니다. 이렇게 하면 아주 부드러우면서 가운데 부분이 좁아지는 모양의 터널이 완성됩니다. 이 터널을 아이가 있는 곳 근처 바닥 위에 놓아두세요.

○ **이런 효과가 있어요**

먼저 아이는 터널을 자세히 살펴보기 시작합니다. 터널 안을 들여다본 아이의 눈에 좁아진 부분이 포착됩니다. 이 터널의 가운데 부분은 약 10cm의 원래 붕대 지름을 그대로 유지하고 있으니까요.

아이가 터널 가까이 다가가기까지는 며칠 또는 몇 주가 걸릴 수 있습니다. 그래도 터널을 아이 주변에 그대로 놓아두세요. 그래야 아이가 터널로 가고 싶은 마음이 들 때 언제든 그쪽으로 갈 수 있습니다.

아이가 터널을 통과하는 과정은 매우 점진적으로 진행됩니다. 아이는 먼저 터널에 한 손을 넣어본 다음 두 손을 넣고, 그런 뒤에 몸을 반 정도 넣어보는 식으로 천천히 접근합니다. 이렇게 접근하는 시기가 지나면 마침내 아이는 가운데 부분이 좁아진 터널을 아무런 불안감 없이 자유롭게 기어서 통과하게 됩니다.

테이블에서 밥 먹기

이제는 생애 첫 식사법, 즉 혼자서 밥을 먹는 첫 번째 의식적 행동이 어린아이 자신은 물론이고 어른에게도 얼마나 중요한 일인지 잘 알려져 있습니다. 그렇기에 대부분의 부모가 아이의 식습관 훈련을 일찍 시작하지요. 그럼에도 어떤 아이들은 18개월 이상이 될 때까지 키 높이 의자나 아기용 간이 의자에 앉아서 음식을 받아 먹습니다. 이런 아이들은 자기 욕구와 무관하게 혼자 힘으로 밥을 먹는 운동을 전혀 할 수 없습니다.

하지만 아주 어린 아이라도 일단 혼자 앉아 있을 수 있게 되면 자기 앞에 놓인 음식을 혼자 먹는 법을 열심히 그리고 재미있게 배울 수 있습니다. 그러려면 (테이블과 의자의) 다리 높이를 낮춰 아이가 발을 바닥에 대고 바른 자세로 앉을 수 있게 해주어야 합니다. 이렇게 하면 아이가 식사 시간에 음식을 먹는 기쁨만 느끼는 것이 아니라 부모와의 관계를 형성하고 운동 능력을 습득하는 즐거움도 알게 됩니다.

깃털 모빌

아이가 운동 능력을 학습하고 자기 모습을 알아가는 과정에서 숨쉬기는 흔히 간과되곤 합니다. 우리는 '숨 쉬는 것처럼 한다'고 쉽게 말하지만, 겉보기에는 아주 자연스러워 보이는 이 기능은 사실 오랜 훈련의 결과물입니다. 그래서 아직 호흡 조절을 할 줄 모르는 아이는 뜀박질을 하면 옆구리가 결립니다. 긴장을 완화하는 모든 기법이나 요가 동작도 호흡을 의식하고 조절하는 것으로 시작하지요.

호흡운동은 아주 어릴 때부터 숨쉬기 놀이를 통해 학습할 수 있습니다. 그뿐 아니라 이 놀이는 어른과 아이의 관계 형성에 도움이 되는 매개체 역할도 합니다.

○ 재료

연필, 나일론 줄, 깃털.

○ 이렇게 만들어요

여러 개의 나일론 줄 끝에 깃털 몇 장을 단 뒤 나일론 줄을 연필에 고정하세요.

○ 이런 효과가 있어요

앉아 있는 아이의 얼굴보다 약간 더 높은 위치에 오도록 모빌을 설치한 뒤 깃털을 가볍게 불어서 아이의 얼굴에 살짝 닿게 합니다. 이렇게 여러 번 반복하면 아이는 금세 이 놀이 방법을 파악하고 스스로 깃털을 움직여보려고 애쓰게 됩니다. 이 깃털 모빌은 아이가 숨쉬기 운동을 하도록 자극하는 동시에 어른과의 긍정적 놀이 관계를 형성하게 해줍니다.

나의 작은 탐험가

II

—

나 그리고
다른 사람들

～

아이는 몇 달 전부터 자기 자신을

알아가는 것에 만족감을 느낍니다.

하지만 아이가 감각과 정신, 운동 측면에서

계속 새로운 것을 발견하려면

이제는 다른 사람들과 대면해야 할 시기입니다.

1부의 마지막 부분에 이르면서 아이는 초기 발달 단계를 완수해 어느 정도 기능을 습득하게 되었습니다.

이제 아이는 혼자서도 앉아 있을 수 있습니다. 작은 물건을 손으로 만지작거리고, 거울에 비친 자기 모습을 보고 좋아하며 웃습니다. 소리를 듣고, 색을 구별하고, 무언가를 만지기도 합니다. 아이는 이제 어른들과 다른 또래 아이들도 의식할 줄 압니다. 그래서 낯가림(p. 26 참조)으로 예전보다 자주 울기도 합니다.

아이는 몇 달 전부터 자기 자신을 알아가는 것에 만족감을 느낍니다. 하지만 아이가 감각과 정신, 운동 측면에서 계속 새로운 것을 발견하려면 이제는 다른 사람들과 대면해야 할 시기입니다. 이에 따라 2부에서는 주로 아이의 심리 발달과 운동 발달에 대해 다루려고 합니다.

2부는 낯가림이 나타나기 시작하는 시기부터 아이가 다른 사람들과 얼굴을 마주하고, 또래 아이들과 사이좋게 놀게 되는 시기까지를 살펴봅니다.

심리적 측면에서나 운동적 측면에서 매우 풍요로운 이 시기 동안 아이는 혼자 앉아 있는 단계에서 혼자 일어서는 단계로 넘어갑니다. 이제 아이는 뛰고, 언덕을 기어오르며, 모든 종류의 물건을 손으로 조작하고, 말로 생각을 표현합니다.

일어서서 걷기 시작하면서 아이는 자신을 둘러싼 세상에 대해 막대한 영향력을 지니게 됩니다. 행동 범위가 넓어지고, 이동 속도가 빨라지는 데다가 이동할 때도 두 손을 자유롭게 사용할 수 있으니까요. 덕분에 환경을 바라보는 아이의 시각이 달라집니다.

따라서 이 시기의 아이는 격렬한 운동을 하는 것이 특징입니다. 이때도 여전히 감각 놀이는 계속하지만 운동 발달 놀이가 조금 늘어나고, 비록 시끄러워지긴 하겠지만 다른 사람들과 관계를 형성하는 놀이의 비중이 늘어납니다.

1장

심리 발달

아이의 발달에서 심리 발달과 운동 발달이 조화를 이루는 것은 그 어떤 발달보다도 중요합니다. 균형점에 도달하기까지 아이는 여러 시기를 거쳐야 합니다. 아이마다 각 시기의 기간은 다르지만, 일정한 순서에 따라 서로 이어집니다. 때로 어떤 시기는 워낙 짧아서 모르고 그냥 지나갈 수도 있습니다.

그러므로 각 시기를 구별하려고 애쓸 필요는 없습니다. 다만 시간 순서에 따라 각 시기가 어떻게 전개되는지 잘 알고 있으면 두 가지 점에서 도움이 됩니다. 첫째, 낯가림 같은 상황을 예측할 수 있습니다. 미리 알고 있지 않다면 누구를 보든 방긋방긋 잘 웃던 생후 6개월 된 아이가 불과 몇 달 뒤에 명확한 이유 없이 울게 될 것이라고 누가 생각이나 할까요? 둘째, 실제로 경험하게 되는 상황을 너무 심각하게 받아들이지 않게 해줍니다. 출생 후부터 3세까지 아이가 겪게 되는 심리적 시기는 다섯 단계로 나눌 수 있습니다.

- 무관심 단계
- 낯가림 단계
- 또래 아이들과의 관계에서 공격성과 소유욕을 드러내는 단계
- 무조건 다 싫다고 말하는 단계
- 최종적으로 균형을 찾는 단계

무관심과 낯가림 단계

첫 번째 단계와 두 번째 단계에 대해서는 이미 1부에서 다루었습니다. 이제는 공격성과 소유욕을 보이는 시기입니다.

또래 아이들과의 관계에서 공격성과 소유욕을 드러내는 단계

낯가림 단계가 지나면 아이는 모든 것을 다 가지고 싶어 하는 단계에 접어듭니다. 그리고 또래 아이들에게 확실한 공격성을 드러냅니다. 낯가림에 이어 이러한 사회적 도전의 시기가 찾아오는 것입니다. 아이는 다른 아

이들을 인식하기는 하지만, 아직은 자신의 영역 안에 이들을 받아들이지는 못합니다. 게다가 이 시기의 아이는 보호와 동시에 길잡이가 되어줄 기준이 필요한 탓에 보호자에게 많이 다가갑니다.

무조건 다 싫다고 말하는 단계

이 단계에는 모든 것이 달라집니다. 아이는 이제 또래 아이들과 사이좋게 놀기 시작합니다. 이와 동시에 보호자와 약간 멀어집니다. 물론 다른 아이들과의 관계에서 불만이 생기면 아이는 안식처를 찾듯 다시 보호자를 찾습니다. 그러나 부모의 거의 모든 지시 사항에 아이는 "싫어"라는 또렷한 목소리로 대응합니다. '싫어'라는 의사 표현은 어른의 인격에 맞서 아이의 인격이 형성되기 위한 필수 요소입니다. 이 과정에서 아이는 출생과 동시에 자신에게 부여된 모든 금지 사항으로부터 자유로워집니다.

최종적으로 균형을 찾는 단계

이제는 아이에게 조금씩 조화가 자리 잡습니다. 따라서 이 시기의 아이는 또래 아이들과 사이좋게 놀면서 동시에 보호자들을 인정하게 됩니다.

이러한 시련을 겪은 후에야 최종적으로 균형에 이르게 되는 법입니다. 그런데 아이들이 도달하게 되는 균형이란 상대적인 것이기에 사실 최종적 균형이라는 표현은 적절하지 않습니다. 예상했건 예상하지 않았건 낯가림하는 시기나 "싫어"를 연발하는 시기가 나중에 유년기나 청소년기에 나타날 수도 있습니다.

2부에서 '나 그리고 다른 사람들'로 명명한 두 번째 시기에는 심리적으로 두 가지 특징이 있습니다. 바로 강한 소유욕과 '싫어'의 연발입니다. 하지만 이 두 가지는 모두 아이의 사회적 통합에 도움이 됩니다. 이 시기에는 아이가 다른 사람들과 자기 자신에 대해 배울 수 있는 매개체가 되는 놀이를 제안하는 것이 좋습니다.

소리 나는 딸랑이는 1부에 해당하는 자아 탐색기의 어린아이에게 딱 맞는 장난감이자 같이 놀 줄 아는, 좀 더 나이가 많은 아이들에게도 알맞은 장난감입니다. 하지만 그런 만큼 그 중간에 있는 2부에 해당하는 시기의 아이에게는 절대로 추천하지 않는 장난감이기도 합니다. 딸랑이는 소리가 작기 때문에 또래 아이들과 함께 생활하는 경우라면 다른 아이와의 다툼의 동기밖에 되지 않습니다.

이 시기에 하는 모든 놀이는 단체 활동과 개별 활동을 동시에 만족시킬 수 있어야 합니다.

녹음 놀이

아이가 엄마와 아빠 또는 가족이나 그 이외의 사람과 처음으로 진정한 관계를 형성해가는 이 시기 동안 아이의 목소리는 결정적 역할을 합니다. 그렇기에 아이가 자기 목소리를 인식하는 것은 물론, 다른 사람의 목소리를 알게 되는 것은 매우 중요합니다. 이 시기에 접어들어도 아이는 처음엔 효과적으로 말을 사용하지 못합니다. 그러나 어느 순간부터 아이는 목소리로 몸짓과 태도를 강조하기 시작합니다.

녹음기는 아이가 자기 목소리와 다른 사람의 목소리를 알아듣는 데 도움을 주는 아주 유용한 보조 수단입니다. 녹음기는 아이에게 듣는 즐거움을 알려주고, 소리를 통해 다른 사람을 찾게 해줍니다. 한마디로 말해 아이는 이때 이미 말하기와 듣기를 좋아하게 됩니다. 이것을 계기로 아이의 언어 능력 가운데 아주 많은 부분이 발달합니다.

녹음기 하나만으로도 다음과 같은 여러 가지 놀이를 할 수 있습니다.

소리 그대로 녹음하기 아이가 옹알거리고 있을 때 잠시 그 소리를 녹음한 뒤 아이에게 들려주세요. 아이는 즉시 녹음기에서 나오는 소리에 귀를 기울입니다. 그러면서 웃는 경우가 많습니다.

아이가 있는 방 안에서 소리가 나는 녹음기를 들고 왔다 갔다 하면 아이가 방 안 어디에서 소리가 나는지, 즉 소리의 위치를 파악하는 데 도움을 줍니다. 아이가 아주 어릴 때부터 자기 주변에서 이동하는 소리와 음악, 목소리를 잘 쫓아가는 것을 확인할 수 있습니다.

◯ **꼭 지켜주세요**

일찌감치 아이가 놀고 있는 방 안에서 녹음기를 활용하면 청각 발달에 큰 도움이 됩니다. 다만 두 가지를 꼭 지켜야 합니다. 첫째, 이 놀이는 길어야 10~15분 정도로 짧게 해야 합니다. 아이가 소리에 질려버리면 관심이 떨어지게 되니까요. 둘째, 우리는 현재 아이들의 음악적 취향에 대한 지식을 갖고 있지 않습니다. 이런 상황에서 유일하게 기준으로 삼을 수 있는 것은 어떤 음악을 들었을 때 아이가 보이는 긍정적 반응(웃음, 관심, 몸짓 등)뿐입니다. 이를 기준으로 삼으면 어린아이들이 낮은 소리는 인지하지 못한다거나, 어떤 음악은 좋아하고 어떤 음악은 싫어한다고 주장하는 이론들(대부분은 근거 없는 주장에 불과합니다)이 꼭 맞지는 않는다는 것을 알 수 있습니다.

무엇이건 어떤 아이에게는 맞지만 어떤 아이에게는 맞지 않을 수 있습니다. 우리 어른들의 취향과 마찬가지로 아이들의 취향도 그렇습니다. 언제나 적용되는 객관적인 규칙은 존재하지 않는다는 사실을 강조하고 싶습니다. 유일한 규칙으로 삼을 수 있는 것은 음악을 들려주었을 때 아이가 보이는 관심뿐입니다.

목소리 변형하기 아이는 무의식적으로 자기 목소리를 바꾸는 놀이를 합니다. 이때 속이 빈 파이프, 자신의 손, 종이 상자 등 다양한 수단을 이용합니다. 이 놀이는 말을 하려는 아이의 기본적 시도를 보여준다는 점에서 매우 중요합니다. 아이는 자기만의 어떤 규칙에 따라 자신의 목소리를 조정합니다. 이때 녹음기는 이 무의식적인 놀이를 아이에게 보여주는 역할, 아이가 해나가는 자기 고유의 탐색을 증명하는 역할을 합니다.

두 아이가 목소리를 내며 놀이하는 장면도 녹음기로 포착할 수

있습니다. 아이들은 그냥 소리를 내는 것뿐만 아니라 서로 반응

하고 반박하며 노는 경우가 많습니다. 아이들은 충분한 언어 표현 능력을 습득하

기 훨씬 전에 이 놀이를 합니다. 이번에도 아이들이 서로 응답하는 목소리를 녹음

한 뒤 들려주세요.

이 놀이 외에도 녹음기를 이용해 많은 놀이를 할 수 있습니다. 아이의 아이디어를

적용해보는 것도 좋습니다.

앨범 놀이

앨범 놀이는 이 시기의 중요한 심리 발달인 자아 인식 차원에서 매우 효과적입니다. 아이들은 일찍부터 이미지를 통해 다른 사람을 인지하는 능력이 발달합니다. 그런데 어른들이 아이들의 이런 능력을 과소평가하는 경우가 너무 많습니다. 아이가 사진 속 자기 얼굴을 인식하는 능력은 좀 더 후에 생깁니다. 아이가 있는 방 바닥 위에 앨범을 무심히 놓아두면 아이 스스로 마음 내킬 때 다가갈 수 있는 또 하나의 장난감이 됩니다. 아이가 앨범을 펼치면 그때 어른이 개입합니다.

○ 꼭 지켜주세요

앨범에는 아이와 가까운 사람, 즉 엄마와 아빠, 가족 그리고 아이가 얼굴을 아는 어른이나 아이의 사진을 넣어주세요. 아이가 제대로 알아볼 수 있도록 사진은 최소 13×18cm 규격 이상이 되어야 합니다. 가능하면 얼굴이 잘 보이는 정면에서 찍은 사진이 좋습니다.

이 시기의 아이는 시간 개념(시간이 지속된다는 개념)이 어른과 다릅니다. 어린아이는 방에 같이 있던 어른이 잠시만 자리를 비워도 매우 슬퍼합니다. 이때 어른은 말로 아이에게 설명해줄 수 없으니 매우 곤란하지요.

이런 상황에서 숨바꼭질 놀이는 아이에게 유용한 도움이 됩니다. 아이는 어른이 사라져버리면 아무리 짧은 시간이라도 마치 자신이 버림받은 것처럼 느낍니다. 이때 빠르게 사라졌다가 다시 나타나는 숨바꼭질 놀이를 여러 번 반복하면 아이의 마음을 안심시키는 효과가 있습니다. 아이는 자기가 있는 방에 어른의 얼굴이 보이건 보이지 않건 그 얼굴을 방과 동일시하기 때문입니다.

먼저 주로 많이 출입하는 문을 선택하세요. 방 밖으로 나가 방문을 열어둔 채 문 옆에 서서 아이의 관심을 끄세요. 그리고 문간에서 얼굴을 보여준 뒤 사라지세요. 몇 초 후에 다시 나타나는데, 이때 "까꿍, 엄마 여기 있지!"와 같은 익숙한 말로 다시 나타난다는 것을 강조해야 합니다. 이 놀이에서는 목소리가 중요하기 때문입니다.

다시 사라졌다가 나타나기를 계속 반복합니다. 5~15초 정도의 간격으로 일고여덟 번 되풀이하세요. 그리고 며칠간 이어서 이 놀이를 반복합니다. 그러면 아이는 곧 어른이 시야에서 사라지더라도 울거나 걱정하지 않게 됩니다. 안도감을 주는

어른이 자기가 있는 방에 항상 같이 있지 않더라도 자신 곁에 있다는 사실을 알

게 되었으니까요.

숨바꼭질 놀이는 아이가 자립을 향해 결정적 한 걸음을 내디딜 수 있게 해줍니다.

모든 걱정에서 벗어난 아이는 자기 시간을 자유롭게 보낼 수 있게 됩니다.

이 놀이는 아이에게 부모와 잠시 떨어져도 괜찮다는 것을 알려줍니다. 예를 들면

엄마가(또는 다른 보호자가) 어린이집이나 보육 시설에 아이를 맡기고 나올 때, 입

원한 아이를 병실에 두고 나올 때, 방에서 우는 아이를 달래준 다음 다시 방에서

나올 때 도움이 됩니다.

눈 가리고 잡기 놀이

이 놀이는 아이의 자립심을 키우는 데 매우 유용한 것으로 알려져 있습니다. 물론 다짜고짜 아이의 눈을 스카프로 가리는 것은 아닙니다. 이 놀이는 아이가 제대로 걸을 수 있을 때부터 할 수 있습니다.

일단 처음에는 어른의 눈을 스카프로 가린 다음 아이가 어른을 인도하게 합니다. 이런 어른의 모습을 보면서 아이는 스카프라는 괴상한 물건을 대수롭지 않게 여기게 됩니다. 이 놀이는 이렇게 조금씩 단계를 밟아 진행해야 합니다.

이번에는 어른이 한 손으로 아이의 눈을 가리고 다른 손으로 아이를 붙잡아주세요. 그렇게 어른과 아이가 함께 걸어갑니다. 이때 아이는 눈으로 보지는 않지만, 어른의 목소리를 들으며 마음을 놓습니다. 다음 단계는 스카프로 아이의 눈을 가리되, 뒤에서 묶지는 말고 어른이 잡아주는 것입니다. 이렇게 하고 나면 아이는 다음번에 스카프로 눈을 가리고 뒤에서 묶는 것을 금세 받아들입니다. 이때 어른은 계속해서 목소리를 내어 길잡이가 되어주고 아이를 안심시켜주어야 합니다. 그러면서 점차 목소리를 들려주는 시간 간격을 늘려갑니다.

종이 상자 아이가 있는 장소가 어디든 낡은 종이 상자는 언제나 아이의 꿈을 펼칠 수 있는 장난감입니다. 아이는 종이 상자 안에 몸을 숨

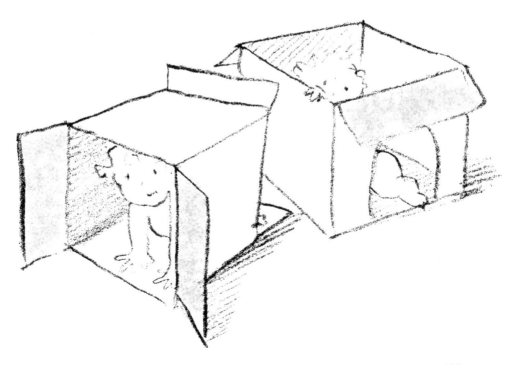

기는 것은 물론이고, 종이 상자를 여러 가지 상점이나 집 등 다양한 장소로 만들

수 있습니다. 아이의 상상력에는 한계가 없으니까요.

접히는 장난감 집 장난감 집은 자리를 많이 차지하는 놀잇감으로 꼽힙니다. 그래

서 아이 방(혹은 놀이방)이나 어린이집에 장난감 집이 없는 경우

가 많습니다. 하지만 여기서 소개하는 장난감 집은 폈다 접었다 할 수 있습니다.

그래서 어떤 공간에도 다 설치할 수 있지요. 만드는 방법도 아주 간단합니다.

○ **재료**

합판 3개(Ⓐ 130×120cm 크기 1개, Ⓑ 135×120cm 크기 1개, Ⓒ 120×120cm 크기 1개),

받침용 나무 막대 1개(높이 120×가로세로 10cm 정사각형 단면), 경첩 9개, 고리 2개.

○ **이렇게 만들어요**

먼저 받침용 나무 막대를 바닥과 벽에 직각으로 고정하세요. 경첩을 이용해 나

무 막대에 Ⓒ 합판을 고정한 뒤, 다시 Ⓒ 합판에 Ⓑ 합판을 고정합니다. 이렇

게 하면 Ⓒ 합판을 기점으로 Ⓑ 합판을 움직일 수 있고, 고정된 나무 막대를 기

점으로 Ⓒ 합판을 움직일 수 있습니다. 벽에 고정된 나무 막대 안쪽으로부터

130cm 떨어진 위치의 벽에 Ⓐ 합판을 경첩으로 고정하세요. Ⓐ 합판과 Ⓑ 합판

위쪽에 고리 2개를 달고 이 두 합판을 서로 연결합니다. 이렇게 해서 완성된

장난감 집은 공간이 넉넉하지만 접으면 두께가 10cm(나무 막대 두께)밖에 되지

않습니다.

장난감 집을 접는 방법은 먼저 Ⓐ합판을 벽 쪽으로 접고 Ⓑ합판을 Ⓒ합판 쪽으로 접은 다음, 이 두 합판(Ⓑ+Ⓒ)을 Ⓐ합판 위로 오게 접으면 됩니다.

Ⓑ합판에는 문과 창문을 내주고, 집 내부에는 쿠션 몇 개를 넣어 안락하게 만들어주세요.

이 장난감 집은 세 가지 장점을 자랑합니다. 첫째, 사용하지 않을 때는 언제든 접어서 다른 활동을 할 수 있는 공간을 마련할 수 있습니다. 둘째, 이 집은 튼튼하기 때문에 아이가 집 안에 들어가서 편하게 놀 수 있습니다. 아이는 그 안에 숨어서 자기 모습이 보이지 않을 거라고 느낍니다. 셋째, 높이가 낮아 어른은 언제든 집 안을 들여다볼 수 있습니다.

튜브 놀이 · 물 매트리스 · 소리 나는 양탄자

앞서 1부에서 충분히 설명한 바 있는 이 세 가지 놀잇감(p.35, p.36, p46)은 2부 시기에도 훌륭하게 활용할 수 있습니다. 이 놀잇감들은 누구 한 명이 독점하는 일 없이 여럿이서 여러 가지 방법으로 가지고 놀 수 있는 것이 장점입니다. 두 아이가 소리 나는 양탄자나 물 매트리스 위를 함께 걸을 때, 아이들이 어떤 반응을 할지는 길게 설명할 필요 없겠죠?

손 그림 · 발 그림 그리기

이 놀이에 필요한 재료는 시중에서 쉽게 구할 수 있습니다. 일반 물감보다 묽게

만들어진 '손 물감'을 사용하면 수채화 물감보다 쉽게 닦아낼 수 있습니다. 스펀

지로 한번 쓱 닦으면 되니까요.

○ 재료

바닥에 놓아둘 종이 여러 장, 물감을 담은 그릇 몇 개.

○ 손 그림 그리기

아이가 원하는 색상의 물감이 든 그릇 안에 손을 담갔다가 종이 위에 손을 찍

으면 됩니다.

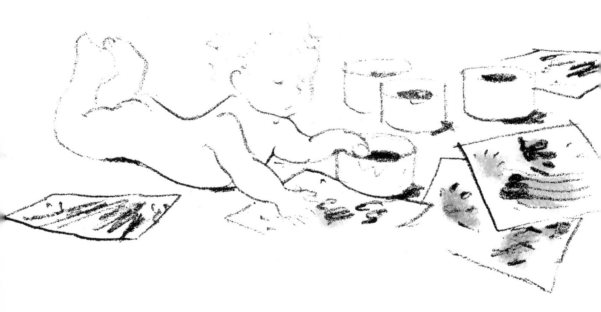

○ 발 그림 그리기

손 그림보다 어려운 발 그림을 그리려면 평형감각이 필요합니다. 아이는 어른

의 도움을 조금 받아 자신이 원하는 물감 그릇 안에 발을 담급니다. 그런 다음

물감을 묻힌 채 종이 위를 걸으면 됩니다.

○ 이런 효과가 있어요

이 놀이는 그림을 그린 다음이 더 중요합니다. 자신의 손자국과 발자국이 찍힌

종이를 손에 든 아이가 무의식적으로 자기 몸(손, 발 등)을 관찰하기 시작하니

까요. 여럿이 함께 이 놀이를 했다면 자기 몸뿐만 아니라 다른 아이들의 몸도

관찰하게 됩니다.

방울 달린 막대 자루

○ **재료**

빗자루 손잡이 크기의 막대 자루 1개, 강렬한 색상의 물감, 크기가 작은 방울 1개.

○ **이렇게 만들어요**

강렬한 색상의 물감으로 막대 자루를 칠하세요(아이의 관심을 끌기 위해 색이 중요합니다). 그런 다음 막대 끝에 방울을 단단히 고정하세요.

이 놀잇감은 아이들 사이에 무의식적으로 놀이 관계를 만들어줍니다. 이때 아이들이 잘 걷건, 아니면 이제 막 걸음마 단계에 있건 상관없습니다. 이 놀이를 하면서 아이들은 자기들끼리 새로운 이동 방법인 걷기에 돌입할 만반의 준비를 하니까요.

제대로 걸을 줄 아는 한 아이가 막대 자루를 앞으로 잡고 걸으면 다른 아이가 막대 자루의 다른 한쪽 끝을 잡습니다. 그러면 두 아이가 마주 보며 멀리 있는 모양이 됩니다.

이제 두 아이가 방 안을 돌아다니면 다른 아이들도 놀이에 동참하고 싶어서 모여듭니다. 막대 자루를 붙잡은 두 아이 중 한 명이 앞쪽으로 걸어가면 맞은편 아이는 뒷걸음질을 치게 됩니다. 하지만 서로 단단한 축을 사이에 두고 있으니 안심하고 뒤로 걷습니다. 보호자는 위험한 상황만 막아주면 됩니다. 간신히 걸을 수 있는 아이도 이 놀이에 합류할 수 있어요. 이 놀이를 통해 아이들은 서는 자세를 빠르게 습득합니다.

막대 자루에 달아둔 방울은 관심 끌기용입니다. 어른이 막대 자루를 흔들어 방울 소리를 내면 더 많은 아이를 불러 모으게 됩니다.

트레이싱페이퍼

○ 재료

80×40cm 크기의 트레이싱페이퍼 1장(트레이싱페이퍼는 두 가지 매력이 있습니다. 투명하다는 점과 흔들거나 구길 때 바삭거리는 소리가 난다는 점입니다).

○ 이렇게 놀아요

1부에서 설명한 시기에 해당하는 연령의 아이들이 놀고 있는 방바닥에 반투명 종이인 트레이싱페이퍼 한두 장을 놓아둡니다. 이 시기의 아이들은 무척이나 소유욕이 강해서 크기가 작은 물건은 어느 것이든 서로 차지하려고 해 다툼의 원인이 되지만, 트레이싱페이퍼는 이야기가 다릅니다. 트레이싱페이퍼를 바닥에 두자마자 여러 아이가 관심을 보이기 시작합니다. 특히 이 트레이싱페이퍼를 가끔씩 접하게 하면 더욱 그렇지요. 한 아이가 다가와 만져보고 구기면서 독특한 소리를 내면 다른 아이도 와서 똑같이 해보게 됩니다. 그러다 두 아이 사이에 갑자기 번개가 번쩍합니다. 아이들은 새로운 물건을 서로 차지하려고 하지요.

이렇게 트레이싱페이퍼를 잡아당기다가 종이가 찢어지면서 아이들은 각자 원하던 물건의 한 부분을 손에 쥐게 됩니다. 두 아이 모두 승자가 된 셈이지요. 둘 다 자기 자신을 위해 놀이를 계속할 수 있게 되었으니까요.

이 놀이는 여러 번 반복해서 할 수 있습니다. 아이 수에 따라 트레이싱페이퍼

를 충분히 준비하기만 하면 됩니다. 이 놀이를 하는 동안 아이들은 울지도 않

고 크게 싸우지도 않으면서 다른 아이와 가까워지고 친해질 수 있습니다.

물과 깔때기·모래시계

흐르는 시간을 가늠하는 시간관념은 어린아이들이 꼭 배워야 하는 것 가운데 하나입니다. 아이가(혹은 커서 어른이 되었을 때도) 자기 주변 환경과 관계를 형성할 때 시간관념은 매우 중요한 부분입니다.

사람이 시간을 가늠하는 능력은 각자의 학습 정도에 따라 개인차가 큽니다. 이 사실을 확인하려면 성인 10명에게 속으로 1분을 가늠한 다음 손을 들라고 해보세요. 숫자를 세기 시작한 후 30~35초가 지나면 첫 번째 사람이 손을 들고 그 후로 한참 뒤에야 마지막 사람이 손을 듭니다.

아이는 얼마 후면 시계를 보는 법을 배우게 됩니다. 그러므로 시간이 지나면서 저절로 일어나는 일들이 있다는 사실을 아이에게 일찌감치 가르쳐주어야 합니다. 어린아이가 하는 활동의 대부분은 자신의 의해 결정되고, 자신이 실행을 멈추는 즉시 그 활동도 멈춰집니다. 그렇기에 아이로서는 본능적으로 자신과 상관없이 진행되는 일이 있다는 생각을 할 수는 없습니다.

다음에 소개하는 두 가지 놀이는 아이가 일정 시간 동안 관찰을 하도록 유도하는 놀이입니다.

먼저 대야에 물을 받아 방바닥에 놓으세요. 그런 다음 긴 실을 이용해 깔때기를 대야에 단단히 고정하세요. 아이는 놀잇감을 가지고 놀다가 물이 깔때기에서 흘러내려 가는 데 시간이 걸리는 것을 확인하고 깜짝 놀라게 됩니다.

다음에는 아주 튼튼한 플라스틱 재료로 만든 모래시계를 바닥에 무심히 놓아두세요. 아이는 이것을 손으로 만지작거리며 놀다가 모래시계 안에서 모래가 움직이는 모습과 모래가 흘러내리는 데 걸리는 시간을 발견하게 됩니다.

소리 놀이

아이의 생애 가운데 아주 특별한 부분에 해당하는 이 시기 동안 아이는 또래 아이들과의 관계에서 많은 공격성을 드러냅니다. 모든 것을 다 가지고 싶은 소유욕 때문이지요. 이런 현상은 아이가 기쁨을 주는 새로운 원천을 발견했기 때문에 생깁니다. 바로 아이의 손입니다.

아이의 손은 조금씩 중대한 변화를 겪습니다. 태어나면서 주먹을 쥐고 있던 손이 펴지고, 서로 붙어 있던 손가락도 떨어집니다. 마침내 엄지가 나머지 손가락과 마주 보는 위치에 옵니다. 이 모든 변화의 결과, 아이는 물건을 잡는 능력을 지니게 됩니다. 이렇게 예리한 집게가 생긴 아이는 작은 물건을 손으로 쥐고 만지작거릴 수 있습니다.

이렇게 새로운 가능성이 열리면서 아이의 심리적 측면에 커다란 영향을 줍니다. 주변에 있는 것을 손으로 만지작거리고 조작하면서 느끼는 기쁨이 워낙 큰 탓에 아이는 자기 손에 잡히는 모든 것은 자기가 주인이라고 여기게 됩니다. 이런 태도는 낯가림 때문에 다른 사람들을 만나기 어려웠던 시기에 생긴 욕구와 연관되어 있습니다.

손은 앞서 언급한 것처럼 극단적 소유욕을 다양하게 드러낼 때 중요한 역할을 합니다. 그러니까 아이가 손에 쥐는 것은 아이 것이 되는 것이지요.

따라서 이 시기의 아이들에게는 놀잇감을 쥘 필요가 없는 활동을 제안해야 합니다. 그러면 아이들은 서로 싸우지 않고 평온하게 놀 수 있으며, 또래 아이들 여럿이 함께 놀 수 있게 됩니다. 바로 사회화 과정이죠.

이러한 조건을 충족시키는 놀이 중 소리를 바탕으로 한 두 가지 놀이를 소개합니다. '높이 매달린 악기'와 '소리 나는 미로'입니다.

높이 매달린 악기

○ 재료

금속 또는 나무 봉, 또는 단단한 플라스틱 봉, 나일론 실, 소리 나는 물건들(작은 종 등), 작은 막대기 여러 개.

○ **이렇게 만들어요**

방 한쪽 구석에 튼튼한 금속 봉 또는 나무 봉을 고정하세요(샤워 커튼을 거는 봉이 딱 좋습니다). 높이는 바닥으로부터 1.5m 정도가 적당합니다. 나일론 실을 이용해 다양한 물건(방울, 작은 종, 구리 파이프, 금속 커튼 고리, 단추 등)을 봉에 달아주세요. 소리가 나는 이 물건들은 모두 아이 손이 닿지 않는 위치에 답니다. 그런 다음 같은 방법으로 봉에 막대기를 여러 개 달고 아이가 이 막대기를 사용해 소리 나는 물건을 건드리게 하면 됩니다. 여러 아이가 동시에 같이 놀 수 있도록 막대기를 여러 개 달아주세요.

아이들은 이 놀이를 하면서 손에 쥔 막대기가 아니라 그 막대기로 건드리면

소리가 나는 물건들에 관심을 가집니다. 그러면 아이들은 서로 물건을 가지겠

다고 다투기보다는 다양한 소리를 내는 물건들을 가지고 여러 가지 놀이를 만

들어냅니다.

소리 나는 미로

받침용 나무 막대, 고무줄, 소리 나는 물건들.

○ **이렇게 만들어요**

방 한쪽 구석에 받침용 나무 막대 2개를 고정합니다. 하나는 바닥에(또는 바닥 가까이에), 다른 하나는 그 위로 1.5m 내지 2m 높이에 수평을 이루도록 고정하세요. 이 두 막대 사이에 여러 개의 고무줄을 팽팽하게 연결합니다. 그런 다음 고무줄 위쪽에 소리 나는 물건, 특히 방울과 작은 종을 다양하게 달아주세요.

○ **이런 효과가 있어요**

두 나무 막대에 연결된 고무줄은 아이들이 자주 돌아다니는 미로 혹은 일종의 숲과 같은 역할을 합니다. 이곳을 통과하려면 아이들은 고무줄을 벌려야 하는데, 이때 아이들이 지나가는 코스에 따라 다양한 소리가 납니다. 여럿이 쉽게 같이 할 수 있는 이 놀이는 평형감각뿐만 아니라 소리에 대한 감각도 발달시킵니다.

안전유리 놀이

○ 재료

나무틀, 안전유리(혹은 투명 매트), 직각 받침대, 고무줄, 마커, 지우개.

○ 이렇게 만들어요

직사각형의 안전유리(약 120×100cm 크기)를 나무틀에 끼워주세요. 이 안전유리를 바닥과 벽에 수직이 되도록 고정합니다. 이때 나무틀 아랫부분에 직각 받침대를 붙여 안정감 있게 만드세요. 나무틀 윗부분에 고무줄을 걸고 마커(안전유리 전용 마커) 여러 개와 지우개를 달아줍니다.

○ 이런 효과가 있어요

이 안전유리는 아이가 일어선 자세로 자신의 화풍을 마음껏 발휘할 수 있는 멋진 캔버스가 됩니다. 원래 이 놀잇감을 구상할 때는 캔버스 역할만 생각했는데, 실제로는 여러 가지 놀이 도구로 사용됩니다. 이 유리판을 아이들의 놀이 공간에 설치해주면 놀랍게도 아이들은 즉흥적으로 이 유리판을 아주 다양한 방법으로 사용합니다. 예를 들면 두 아이가 (유리판을 사이에 두고 각각 한쪽에 서서) 상대방의 행동을 흉내 낸다거나, 한 명이 선을 긋고 있으면 다른 한 명이 이 선을 이어서 그린다거나, 유리에 입김을 불어 크게 원 모양을 만들면서 놀기도 합니다.

작은 물건 만지작거리기

앞서 우리는 아이의 손이 여러 단계의 변화를 거쳐 마침내 예리한 집게 기능까지 수행하는 것을 살펴보았습니다. 이 기능은 엄지와 검지로 아주 작은 물건을 집는 능력입니다. 이 능력은 개인차가 크기 때문에 이 시기에 제대로 배워두어야 합니다. 예리한 집게 기능은 장차 어른이 되었을 때 손의 운동 기능과 감각을 결정하는 요소 가운데 하나입니다.

이 기능을 연습하는 데에는 한 가지 어려움이 있습니다. 크기가 아주 작은 물건을 어린아이의 손이 닿는 곳에 두어야 한다는 점입니다(p.77 참조). 하지만 아이가 삼킬까 봐 우리는 아이 주변에 작은 물건을 두지 않습니다.

하지만 이 난제를 해결할 방법이 있습니다. 크기나 부피는 아주 작지만 아이가 삼켜도 위험하지 않고, 잘 소화시킬 수 있는 물건을 바닥에 놓아두는 것입니다. 예를 들면 쌀알이나 굵은 밀가루, 작은 국수, 굵은소금 알갱이 같은 것입니다. 이런 작은 물건들을 아이 주변에 다양하게 두면 아이가 물건을 집는 능력이 빠르게 발달합니다.

상 차리기·상 치우기 놀이

사회화 또는 사회생활 배우기는 공간을 탐지하는 과정을 통해 이루어집니다. 즉 자신이 누구인지, 자기가 있는 장소가 어디인지, 그것이 어떤 순간인지를 알아야 합니다. 이러한 공간 파악 능력은 그 자체로 기본적이면서 중요한 신경학적 기능인 측성화(側性化)를 좌우합니다. 측성화란 아이가 자신의 신체에서 좌우 중 한쪽을 다른 쪽보다 우선해 활용하고, 이러한 변화가 아이의 인격 전체에 영향을 주는 것을 말합니다. 물론 최종적 측성화는 더 자란 뒤에 이루어지지만, 이 시기에 아이가 이미 하나의 문화가 스며 있는 일상적 행동을 시작한다면 이는 신체적 발달뿐만 아니라 사회적 발달을 촉진하는 결정적 요소가 됩니다.

일상적 행동 중 대표적인 것이 바로 상 차리기와 상 치우기입니다. 우리는 아이가 이 임무를 잘 수행할 것이라고 전적으로 신뢰해도 됩니다. 비록 아이가 플라스틱 접시를 조심히 다루지 않고 떨어뜨린다 하더라도 도자기 그릇이나 유리잔을 그렇게 할 위험은 거의 없으니까요. 이 단순한 훈련을 통해 아이는 여러 물건의 상대적 위치를 파악합니다. 유리잔은 그릇 앞에, 수저는 그릇 옆에 두어야 한다는 식으로 말이지요. 이 활동은 운동 발달과 함께 아이가 사회적 소속감을 인식하는 데에도 영향을 줍니다.

2장

운동 발달

1부에서는 운동 발달을 운동 기능과 신체 이미지로만 구분해 이야기했습니다. 그러나 이제 아이는 좀 더 세분화되고 구체적인 운동을 시작합니다. 이것은 발달 시기에 따른 변화이기도 합니다.

2부에서 소개하는 운동 발달은 손과 발을 더욱 자유롭게 사용하는 운동 기능, 일어서고 걷는 과정에서 변화하는 평형감각, 자신의 몸을 정확히 이해하는 신체 이미지, 이렇게 세 가지 부분으로 구분해 소개합니다.

운동 기능

운동 기능은 그 안에서도 다시 두 가지 부분으로 나누어 접근하고자 합니다.

- 손의 운동 기능: 앞서 살펴보았듯 손의 운동 기능은 주로 다양한 크기와 모양의 물건을 만지고 조작하는 데 집중됩니다.
- 발의 운동 기능: 이 기능은 전신의 평형감각을 유지하는 데 광범위하게 기여합니다.

147

손의 운동 기능

놓아주기 놀이 이제 손으로 쥐고 잡을 줄 알게 되었으니 그다음은 놓는 법을 배울 차례입니다. 이렇게 놓는 법을 배우는 것은 던지는 행동으로 나아가는 첫걸음입니다. 어떤 물건을 던지려면 다양한 협응력이 많이 필요하기 때문입니다. 다시 말해 뭔가를 던지려면 근력(어깨, 팔꿈치, 주먹, 손가락 등), 시력(공간 감각, 거리 감각 등), 지각력(물건의 무게와 형태 가늠 능력) 등이 필요합니다. 따라서 어린아이는 손가락과 주먹을 동시에 펴는 협응을 통해 의도적으로 손을 펼쳐 물건을 놓습니다.

모래나 쌀로 속을 채운 작은 천 주머니를 활용하면 아이가 물건을 놓는 법을 쉽게 배울 수 있습니다. 이런 주머니는 놓아도 굴러가지 않기 때문에 아이가 잡았다 놓기를 여러 차례 반복할 수 있지요. 아이가 손으로 다루기 쉽도록 주머니의 무게는 50g 정도가 적당합니다. 주머니는 동물 모양으로 만들어도 좋습니다.

공 받기 놀이 컵 안쪽 바닥에 실을 고정하고 실 끝에 공을 달아 이 공이 컵 안에 들어가게 하는 놀이입니다. 아주 유명한 이 놀이를 하는 데에는 수많은 협응력이 필요합니다. 공을 받을 용기는 두 가지 크기로 준비하면 좋습니다.

○ **작은 모형에 필요한 재료**

종이컵, 탁구공, 실, 단추 여러 개.

○ **이렇게 만들어요**

종이컵 바닥에 구멍을 뚫고 그 안으로 실을 넣은 다음, 컵 아래쪽에 단추를 이

용해 실을 고정하세요. 탁구공에도 구멍을 낸 뒤 구멍으로 실을 통과시킨 다

음, 실 끝에 다른 단추를 달아 공이 빠지지 않게 막아주세요.

○ **큰 모형에 필요한 재료**

플라스틱 대야(지름 약 20cm), 실, 탁구공, 단추 여러 개.

○ **이렇게 만들어요**

앞서 작은 모형을 만들 때와 같은 방법으로 만듭니다.

○ **이런 효과가 있어요**

큰 모형의 공 받기 놀이는 아이가 두 손을 움직이게 해줍니다. 이 시기의 아이

들 가운데에는 아직 팔과 손의 움직임을 잘 분리하지 못하는 경우도 있기 때

문입니다.

벽걸이 그림

○ **재료**

나무 액자(30×30cm 크기), 두껍고 튼튼한 천, 다양한 소품(단추,

지퍼, 똑딱이 단추, 더플코트용 떡볶이 단추 등).

○ **이렇게 만들어요**

나무 액자 안에 준비한 천을 부착하세요. 그 위에 커다란 플라스틱 지퍼와 똑

딱이 단추, 작은 단추와 단춧구멍, 더플코트용 떡볶이 단추와 단추 걸이 등을

여러 개 붙입니다.

천에 붙인 소품들은 각자 제대로 작동해야 합니다. 예를 들어 긴 천에 한 쪽씩

붙어 있는 똑딱이 단추는 한 세트로 액자 속 천에 붙여야 합니다. 아이가 손을

움직여 잠글 수 있게 말입니다.

○ **이런 효과가 있어요**

이런 소품들을 만지작거리고 조작하면서 아이는 커다란 기쁨을 느낍니다. 그

러면서 손놀림도 능숙하게 발달합니다. 이 놀이를 통해 모든 종류의 단추와 여

밈에 익숙해진 아이는 혼자서 옷을 입을 수 있게 됩니다. 자립을 향해 한 발

더 내디디는 것이지요.

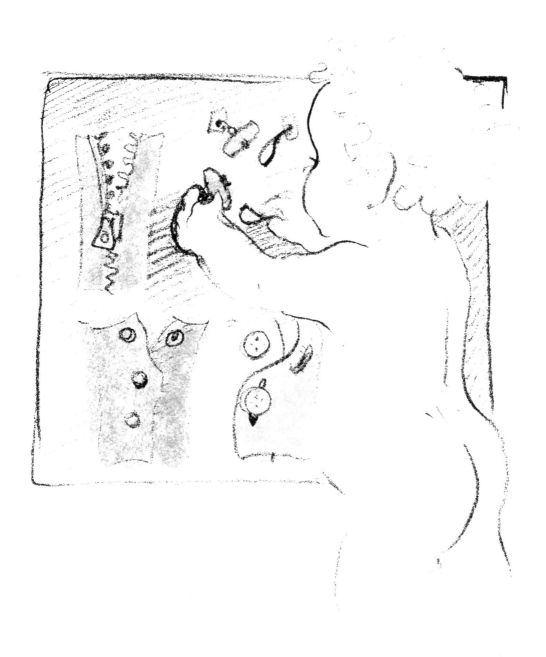

발의 운동 기능

발로 하는 놀이

평형감각에는 발의 움직임이 매우 중요합니다. 평발이나 요족 등 발의 아치에 문제가 있어 아프다는 아이들 중에는 자기 발을 제대로 인지하지 못해 잘못 사용하고 있는 경우가 많습니다. 이런 문제는 특히 어린아이의 경우 섬세한 운동 기능을 성실히 배우고 발 전체와 발 아치에 대한 지각력을 키우면 쉽게 해결되기도 합니다.

아이의 발 감각을 발달시키는 데 도움을 주려면 평소에 아이를 맨발로 있게 하는 것이 가장 중요합니다. 이때 주변 환경의 기온과 바닥 상태를 잘 고려해야 하는 것은 물론이지요. 그런 다음 아이가 발의 섬세한 운동 기능을 발휘하는 놀이를 하도록 유도합니다. 예를 들면 연필, 천 조각 등 다양한 형태와 질감을 지닌 물건을 아이 근처에 놓아두고 아이가 발로 그 물건을 집도록 해보세요.

이 활동은 관계 형성을 돕는 놀이로도 훌륭합니다. 아이들 여럿이 천 하나를 가운데에 놓고 발가락으로 집어서 각자 자기 쪽으로 끌어당기는 것이지요. 이 놀이는 어른도 훌륭한 파트너가 되어 같이 할 수 있습니다.

○ **이런 효과가 있어요**

이 놀이 외에도 옷을 갈아입거나 목욕할 때 아이의 발을 만지고, 주무르고, 빨

고, 쓰다듬어주는 등의 모든 놀이가 같은 효과를 가져다줍니다. 감각을 불러일

으키는 이런 행동은 아이가 자기 몸 가운데 매우 특별한 발의 존재를 알도록

해줍니다.

넘어지는 놀이 걸음마 연습은 처음 시작할 때 어렵습니다. 아이가 긴장한 탓에

평소보다 온몸이 굳어 있기 때문입니다. 그러다가 조금씩 서 있

는 자세를 잘 유지하게 되면서 긴장이 풀립니다. 최종적으로 잘 서게 되려면 아이

가 넘어지는 것을 대수롭지 않게 여겨야 합니다. 쉽게 확인할 수 있겠지만, 아이에게 넘어지는 법을 가르쳐주면 아이가 근육 사용법을 터득하는 데 도움이 됩니다. 아이는 서서 걷기 시작하는 것과 동시에 긴장이 완화된 상태로 새롭게 태어납니다.

그렇다면 아이에게 넘어지는 법을 어떻게 가르쳐야 할까요? 정답은 흉내 내기입니다. 어른이 몸에서 힘을 완전히 빼고 천천히 바닥에 넘어지는 시늉을 합니다. "힘을 쭉 빼"라고 말하면서 이 놀이를 연이어 여러 번 반복합니다. 아이가 이 행동을 배우게 될 때까지요.

이렇게 몸의 '전원을 끄는' 방법을 배우면 아이의 감정과 심리 활동에 직접 작용하게 될 '긴장 풀고 휴식하기(p.225)'를 쉽게 배울 수 있습니다.

평형감각

이제 아이는 두 발로 서 있을 수 있습니다. 그래서 누워 있던 시기와는 달라진 자기 몸에 대해 다시 생각해야 할 때가 되었습니다. 아이 입장에서 보면 모든 것이 달라졌으니까요.

• 아이의 시선이 높아져서 주변이 달라 보입니다.

• 등의 평형감각도 달라집니다.

• 발의 압력이 달라져 새로운 감각이 느껴집니다.

몸의 무게중심이 새로워졌고, 정확하게 그 위치를 알아야 잘 움직일 수 있습니다. 그러려면 여러 경험이 필요합니다. 아이는 처음에는 팔과 다리를 벌린 채 걷다가 간신히 경사면을 오르내리기 시작합니다.

아이가 생활하는 환경에 요철이나 장애물이 많으면 아이에게 근본적으로 중요한 능력인 평형감각을 최대로 발달시킬 수 있습니다. 이때 장애물로 사용하는 물건은 안전한 것으로 골라야 합니다. 이러한 유형의 놀이 아이디어를 몇 가지 소개합니다.

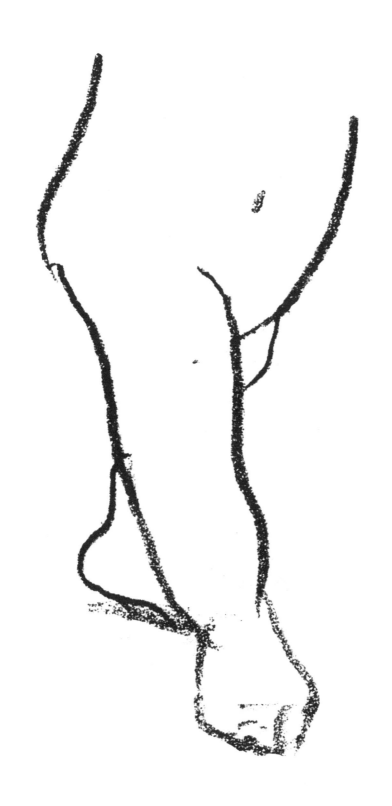

방울 달린 막대 자루

앞서 심리 발달 놀이로 소개한 '방울 달린 막대 자루(p.126)'는 아이가 평형감각을 습득하는 데에도 도움이 됩니다. 어른의 손길이 필요 없는 놀이이기도 하며, 큰 특징도 없고 평범한 막대 자루는 아이에게 안도감을 주는 동시에 평형봉 역할을 하기 때문입니다. 덕분에 아이는 막대 자루를 끌고 다니며(어른이 손을 잡아줄 때보다) 수월하게 자신의 평형감각을 발휘할 수 있습니다.

플라스틱 골판

바닥에 놓여 있는 플라스틱 재질의 골판은 기어 다니는 아이나 서서 걸어 다니는 아이 모두에게 매우 효과적인 장애물 역할을 합니다. 물론 플라스틱 골판은 조금도 위험하지 않지만, 아이들이 이 까다로운 구간을 통과하려면 진지하게 평형감각을 조절해야 하기 때문입니다.

○ 꼭 지켜주세요

플라스틱 골판은 100×150cm 크기가 적당합니다. 골판을 설치할 때 안정감이 있으려면 네 귀퉁이를 나사로 바닥에 고정해야 합니다. 다른 재질의 안전한 장애물을 설치해도 좋습니다.

바닥에 그린 선 따라가기

어릴 적에 보도블록 가장자리를 따라 걷는 놀이를 해보지 않은 사람이 있을까요? 이 놀이는 위험하지 않으면서도 우리의 평형감각을 끊임없이 자극했습니다. 균형을 잡기 위해 엄청 노력했지요.

○ 이렇게 만들어요

아이가 노는 방 바닥에 다양한 방향으로 커브를 이루면서 길게 이어지는 선을 하나 그리세요. 선은 방바닥이 어떤 재질(양탄자, 마루, 타일 등)이냐에 따라 색 테이프를 붙이거나 마커 등을 이용해 그려줍니다. 직선이나 지그재그, 곡선 등 다양한 형태로 그려주세요. 그래야 난이도가 있는 다양한 코스가 만들어집니다. 여러 번 선을 그릴 수 있도록 넓은 자리를 확보해주세요.

○ 이런 효과가 있어요

어른이 먼저 이 선 위를 따라 걷기 시작하면 아이는 모방 능력을 발동해 어른을 따라갑니다. 그러면서 아이는 '땅 위의 줄타기 곡예사'가 됩니다. 이후부터 아이는 자기가 원하는 때에 무의식적으로 이 놀이를 반복하게 됩니다.

다양한 촉감의 놀이 상자

이 놀잇감은 만들기가 조금 복잡하지만, 누구나 만들 수 있습니다.

○ **재료**

200×80cm 크기의 널빤지 1개, 200×20cm 크기의 널빤지 2개, 80×20cm 크기의 널빤지 5개(여러 개의 두꺼운 종이 상자를 연결해서 사용해도 좋습니다), 모래, 조약돌, 현관 매트, 스펀지(50×80cm 크기, 높이 20cm).

○ **이렇게 만들어요**

준비한 200×80cm 크기의 널빤지를 바닥에 깔고 양옆에 200×20cm 크기의 널빤지를 세워 고정하세요. 그런 다음 80×20cm 크기의 널빤지 2개는 나머지 양옆을 막아 직사각형의 틀을 만들고, 나머지 널빤지 3개로 칸막이를 만들어 4등분된 나무 상자를 완성합니다.

첫 번째 칸에는 조약돌, 두 번째 칸에는 모래, 세 번째 칸에는 현관 매트, 네 번째 칸에는 스펀지로 채워주세요. 다양한 재료로 채운 상자를 아이 놀이방에 놓아두고 아이가 자유롭게 그 위로 지나다니게 합니다.

○ **이런 효과가 있어요**

발바닥으로 다양한 밀도를 접하면 아이의 평형감각이 발달합니다. 이 놀이를 하면 여러 감각을 느끼면서 아이의 발 아치가 자극됩니다. 나무 칸막이는 장애

물 역할을 해 아이가 서 있을 때 무게중심의 위치를 잘 찾도록 도와줍니다. 이 놀이는 걸음마 단계 이전의 아이에게도 좋습니다. 손과 다리를 통해 전달되는 다양한 감각이 신체를 이미지화하는 역할을 하기 때문입니다.

높이 매달린 공

이 놀이는 평형감각을 습득하는 데 훌륭한 역할을 합니다. 게다가 또래 아이들과 싸우지 않고 다 함께 사이좋게 놀 수 있습니다.

○ **재료**

지름 약 50cm의 공기 주입식 비치 볼 1개, 두꺼운 고무줄 1개.

○ **이렇게 만들어요**

• **방을 가로지른 줄에 매단 비치 볼**

비치 볼 고리 안에 고무줄을 통과시킵니다. 이 고무줄을 마주 보는 두 벽에 매어 고정하세요. 비치 볼은 아이가 일어서서 팔을 위로 뻗었을 때 손이 닿는 높이에 오는 것이 적당합니다.

• **천장에 매단 비치 볼**

고무줄 한쪽 끝에는 비치 볼을 달고 반대편 끝은 천장에 고정하세요. 비치 볼의 높이는 위와 같게 합니다.

○ **이런 효과가 있어요**

첫 번째 경우 아이들이 비치 볼을 치면 고무줄의 탄성 때문에 공이 앞, 뒤, 옆으로 왔다 갔다 하면서 흔들립니다. 공을 친 방향으로 갔다가 다시 돌아오는 식으로 공이 계속 움직이죠. 비치 볼의 움직임에 따라 아이들도 열심히 몸을

움직이게 됩니다.

바로 이때 아이는 '자세 반사', 다시 말해 평형 반사라고 하는 핵심적 능력을 습득합니다. 평형 반사는 바닥이 어떻게 움직이든 잘 서 있게 하는 능력입니다. 예를 들어 달리는 버스 안에 서 있을 때 매우 유용한 반사 능력이지요. 사람에 따라 이 반사 능력을 잘 습득했는지 아닌지를 확인할 수 있는 가장 쉬운 예가 달리는 버스 안입니다. 승객 중에 자세 반사 능력이 썩 좋지 못한 사람은 불안정한 평형 상태로 버스 손잡이에 매달립니다. 반면 어떤 사람은 발을 움직이는 것만으로도 평형을 잘 유지합니다. 따라서 이런 반사 능력을 배우는 것이 중요합니다.

여러 명의 아이가 동시에 이 놀이를 한다면 비치 볼이 어떻게 움직일지 예상할 수 없습니다. 그래서 좀 더 빠르고 까다로운 적응 능력이 필요하고, 그만큼 자세 반사 능력이 더 많이 발달합니다.

비치 볼이 천장에 매달려 있는 두 번째 경우도 거의 비슷합니다. 다만 이 경우는 아이들이 비치 볼의 움직임을 뒤쫓는 경향이 덜합니다. 이를 통해 아이들은 훨씬 더 정적인 방식의 자세 반사 능력을 배웁니다.

튜브 놀이 · 물 매트리스

1부에서 소개한 튜브 놀이(p.35)와 물 매트리스(p.36)는 2부에서도 여전히 매우 유용하게 활용할 수 있습니다. 아이가 발로 디디면서 예상치 못한 요철을 만나면 큰 자극이 되어 평형감각을 유지하려고 애쓰게 만들기 때문입니다.

바닥 평균대

◯ 재료

길이 150cm 가량의 정사각형 단면 평균대 4개.

◯ 이렇게 만들어요

아주 간단합니다. 4개의 평균대를 그냥 바닥에 놓아두기만 하면 됩니다.

◯ 이런 효과가 있어요

평균대가 모두 비슷하게 생겨서 아이들은 늘 다음과 같이 반응합니다. 한 아이

가 무의식적으로 4개의 평균대를 어떤 모양으로 배열해두면 다른 아이가 끼어

들어 평균대의 배열을 바꾸어버리는 식이지요.

이렇게 하면 변화무쌍한 난이도를 지닌 아주 다양한 코스가 만들어집니다. 덕

분에 평균대 위에 올라간 아이들은 평형감각을 기르는 여러 가지 훈련을 할

수 있습니다.

나무 블록

나무 블록으로도 앞의 평균대와 같은 방법으로 코스를 만들 수 있습니다.

○ **재료**

커다란 합판.

○ **이렇게 만들어요**

합판을 잘라 붙여서 30×20cm 크기에 15cm 높이의 속이 빈 나무 블록을 만

드세요. 강렬한 원색으로 나무 블록을 칠해주세요.

○ **이런 효과가 있어요**

아이들은 이 나무 블록을 마음대로 배열해 난이도가 다양한 코스를 만들 수

있습니다. 아주 어린 아이라면 블록 사이 간격이 약간만 떨어져 있어도 한 블

록에서 다음 블록으로 건너가기가 매우 어렵습니다. 하지만 꾸준히 연습하면

훌륭한 평형감각을 기르는 데 도움이 됩니다.

171

스키 놀이

처음 스키를 탔을 때 몸의 평형을 유지하기 어려웠던 것을 기억하나요? 그때의 경험을 놀이로 만들어 아이가 무게중심을 발견하는 법을 알려주세요.

○ **재료**

40×60cm 크기에 5mm 두께의 합판 2개, 찍찍이 테이프, 접착제, 스테이플러.

○ **이렇게 만들어요**

벨크로, 즉 찍찍이 테이프는 서로 붙는 2개의 테이프로 이루어져 있습니다. 두 합판 밑에 각각 30cm 길이의 찍찍이 테이프를 2개씩 붙입니다. 단단히 고정하려면 접착제와 스테이플러를 사용하세요. 그런 다음 테이프 하나는 아이의 신발 위에 두르고, 다른 하나는 뒤꿈치 뒤로 둘러 서로 교차시켜 붙여줍니다. 아이의 발이 들어갈 정도의 간격을 만들어주세요. 방법이 아주 간단해서 아이는 금세 혼자서 스키를 고정하고 이 놀이를 할 줄 알게 됩니다.

○ **이런 효과가 있어요**

이 놀이에는 규칙 같은 것이 없어요. 아이는 그저 스키를 신고 걸으면서 놉니다. 그 과정에서 아이의 평형 반사 능력이 상당한 자극을 받습니다. 이 놀이는 어른의 도움 없이도 아이가 푹 빠져버립니다. 아이가 스키를 타며 느끼는 희열이야말로 이 놀이의 최고 가치입니다.

머리 위에 주머니 올리고 걷기

○ **재료**

천, 쌀.

○ **이렇게 만들어요**

준비한 천으로 약 15×15cm 크기의 주머니를 여러 개 만든 다음, 그 안에 쌀을

채워 넣어주세요. 주머니 1개의 무게는 100~150g 사이가 적당합니다. 이렇게

만든 쌀 주머니를 아이들이 1개씩 머리에 올리고 걸어가게 합니다.

○ **이런 효과가 있어요**

이 활동은 언뜻 단순해 보이지만, 척추를 서로 연결하는 작은 심부 근육을 깨

어나게 합니다. 이렇게 깨어난 근육들은 등의 올바른 직립 자세를 유지하는 역

할을 합니다.

신체 이미지

어린아이의 신체 이미지나 신체상의 습득에 관해서는 앞서 1부(p.84 참조)에서 폭넓게 다룬 바 있습니다. 이러한 이미지는 청각, 촉각, 시각, 운동 등 모든 차원에서 수많은 경험을 통해 몇 년에 걸쳐 점진적으로 형성됩니다.

영아기의 경험이 아이의 인생에서 절대적으로 중요하다는 사실이 입증되면서 이 시기의 아이가 자신의 이미지를 탐색하는 데 도움이 되는 놀이가 많이 알려졌습니다. 그 가운데 몇 가지를 소개합니다.

방울을 단 고무줄

아이가 자신의 이미지를 파악하는 방법 가운데 하나가 바로 자기 키를 제대로 인

식하는 것입니다.

○ **재료**

두꺼운 고무줄, 작은 종 또는 방울.

○ **이렇게 만들어요**

마주 보고 있는 두 벽에 작은 종이나 방울을 단 고무줄을 팽팽하게 연결해주

세요. 고무줄의 높이는 바닥에서 대략 1m가 적당 합니다. 그리고 고무줄의 높

이를 80cm에서 120cm까지 자유롭게 바꿀 수 있어야 합니다.

고무줄을 달면 그 즉시 여러 놀이가 가능해집니다. 어느 순간 아이의 머리가

고무줄과 부딪혀 방울 소리가 나면 그다음부터 아이는 고무줄 밑을 지날 때마

다 과장되게 자세를 바꿉니다. 고무줄에 부딪히지 않으려고 아예 20~30cm

아래로 머리가 지나가게 몸을 낮추는 것이지요. 그러면서 아이는 점차 자신의

실제 키를 제대로 인식하게 됩니다. 아이는 곧 고무줄의 높이와 상관없이 고무

줄과 부딪히지 않을 정도의 거리만 유지한 채 그 밑을 지날 수 있게 됩니다.

마분지로 만든 실루엣

○ **재료**

커다란 마분지, 마커, 가위.

○ **놀이 규칙**

한 아이가 커다란 마분지 위에 누우면 다른 아이가 누워 있는 아이의 윤곽을 두꺼운 마커로 그리게 하세요. 누워 있던 아이가 일어나면 종이에 그린 실루엣 선을 따라 가위로 오려주세요. 아이들은 모두 이 놀이에 푹 빠져서 마찬가지 방법으로 실루엣을 그리게 됩니다.

○ **이런 효과가 있어요**

이렇게 마분지로 만든 실루엣은 아이마다 모양이 아주 다양합니다. 이것을 이용해 아이들은 무의식적으로 여러 가지 탐색 활동을 할 수 있습니다. 어떤 아이들은 서로 실루엣을 비교하는가 하면, 어떤 아이들은 자기 등이나 발을 만집니다. 이 놀이 덕분에 아이들은 서로를 적극적으로 인식하게 됩니다.

181

키 재기 놀이

한 아이를 벽에 등을 대고 서게 하세요. 아이의 머리 끝에 맞춰 벽에 연필로 선을 그어주세요. 아이에게 이 선을 보여줍니다. 아이가 보는 앞에서 두 번째 아이에게도 똑같이 합니다. 이런 식으로 3명, 4명의 키를 벽에 표시해주세요. 그러면 아이들은 각자 자신의 키와 친구들의 키를 시각화할 수 있습니다. 키 표시는 아이마다 다른 색으로 해주세요. 그래야 몇 달 뒤 이 키 재기 놀이를 다시 할 때 예전과 비교할 수 있으니까요.

거울 놀이

앞서 1부에서 거울 3개를 설치하는 놀이(p.60)와 그 시각적 효과를 소개한 것을 기억하나요? 이 놀이는 젖먹이 아이들에게도 분명히 중요하지만, 그보다 큰 아이들에게도 상당히 중요합니다. 이 놀이 덕분에 아이는 자기 모습을 더 적극적으로 발견하고, 자신의 이미지에 대한 인식을 더욱 다듬어 나갑니다.

주랑 놀이

아이는 서 있을 때의 자기 키뿐만 아니라 몸의 정면과 옆면의 너비, 기어갈 때의 키도 인식할 줄 알아야 합니다. 이를 위해서는 다양한 크기의 주랑을 지나는 놀이가 매우 효과적입니다.

○ **재료**

100×50cm 크기에 2cm 두께의 널빤지 3개, 10cm 정육면체 모양의 나무 블록 12개.

○ **이렇게 만들어요**

주랑의 발판 역할을 할 정육면체 모양의 나무 블록마다 지름 2cm, 깊이 5cm의 구멍을 1개씩 뚫어주세요. 그런 다음 이 구멍이 위로 향하게 해 3개의 널빤지 위에 붙입니다. 이때 널빤지마다 폭이 다양한 주랑을 2개씩 세울 수 있도록 두 블록 사이의 간격을 아래와 같이 다양하게 설정해서 붙이세요.

첫 번째 널빤지: 45cm, 20cm

두 번째 널빤지: 45cm, 30cm

세 번째 널빤지: 45cm, 45cm

이어 다음 표와 같은 크기로 나무 주랑 6개를 만드세요.

	높이(cm)	폭(cm)
주랑 1	95	42
주랑 2	95	20
주랑 3	95	30
주랑 4	80	45
주랑 5	60	45
주랑 6	45	45

주랑의 양쪽 기둥 끝을 발판 구멍에 맞게 지름 2cm, 높이 5cm의 원통형으로 다듬어주세요. 그런 다음 널빤지마다 4개의 발판에 다양한 크기의 주랑을 2개씩 끼워 넣으세요. 아이들은 여러 주랑을 통과하면서 자신의 몸이 어느 정도 큰지 인식하게 됩니다.

○ **이런 효과가 있어요**

이 놀이는 주랑을 뺐다 끼웠다 할 수 있어 다음과 같은 장점이 있습니다.

• 아파트처럼 제한된 공간에서도 손쉽게 활용할 수 있습니다.

• 주랑 코스를 다채롭게 변경할 수 있습니다. 폭 45cm짜리 주랑 2개를 세울 수 있는 세 번째 널빤지의 경우 높이 95cm짜리 주랑을 세우고 그 뒤에 높이 45cm짜리 주랑을 세웠다가 이 중 하나를 높이 60cm짜리 주랑으로 바꿀 수 있습니다. 이렇게 하면 아이가 주랑 아래를 통과하기 위해 여러 가지 자세를 취하게 됩니다.

• 아이들이 직접 주랑을 세우면 독특한 끼워 맞추기 놀이가 됩니다. 전통적인

끼워 맞추기 놀이를 할 때는 한 손으로 구멍에 끼워 넣을 동안 다른 손은 가

만히 있는 것이 보통입니다. 하지만 여기서는 주랑을 끼워 넣으려면 아이가

두 손을 동시에 사용해야 합니다. 양손의 협응력이 더 많이 요구되기 때문입

니다.

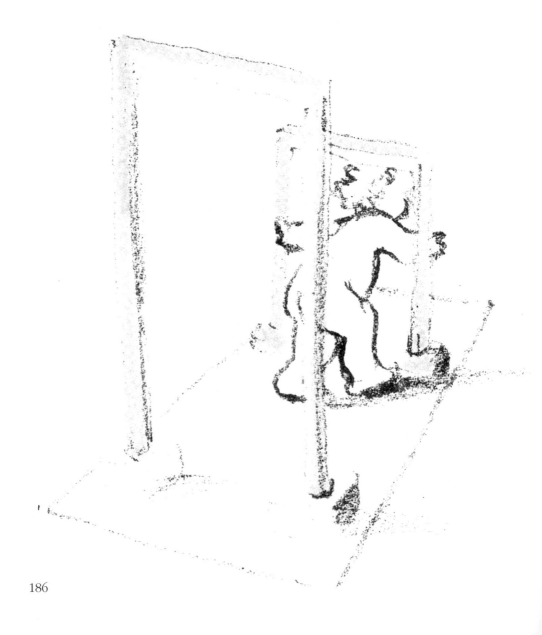

커졌다 작아졌다 놀이

이 놀이에는 아주 뚜렷한 장점이 여럿 있습니다. 이 놀이는 아이들에게 자신의 신체 이미지를 인식시켜주고, 아이들이 심리적 자극을 촉진하는 활동을 조화롭게 이끌어나갈 수 있게 해줍니다. 다시 말해 아이들이 감정 변화에 따라 자신의 에너지를 다변화할 수 있게 도와줍니다.

놀이 규칙 이 놀이는 이 연령대 아이들의 뛰어난 모방 능력을 고려해서 만들어졌습니다. 그래서 처음 시작할 때는 어른이 몸소 시범을 보이는 것이 중요합니다.

먼저 아이들을 모아놓고 어른이 "커져요, 커져요, 커져요"라고 말하면서 몸을 일으켜 커진 모습을 보여줍니다. 그런 다음 반대로 "작아져요, 작아져요, 작아져요"라고 말하면서 몸을 웅크려 작아진 모습을 보여줍니다. 커질 때는 어른이나 아이나 모두 5~7초 동안 최대한 커진 모습을 보이고, 작아질 때도 마찬가지로 5~7초 동안 최대한 작은 모습을 보이도록 합니다.

이때 어른의 목소리도 매우 중요합니다. "커져요"라고 할 때는 크게 말하고, "작아져요"라고 할 때는 아주 부드럽고 작게 말해야 합니다. 몸은 말소리를 따라가면 됩니다. 자기가 하는 말에 따라 일어서서 아주 큰 모습을 만들었다가 웅크리고 앉아 몸을 아주 작게 만드는 것을 번갈아 반복하세요.

커졌다 작아졌다를 번갈아 하는 이 놀이를 5~7초 간격으로 10~15회 반복합니다.

실제로는 여러 아이가 동참할 때까지 놀이를 계속 이어가야 합니다. 이렇게 아이

들이 동참하는 순간, 어른과 아이 사이에 교감이 이루어집니다.

이 놀이는 두 가지 방향으로 활용할 수 있습니다. 아이들의 긴장을 풀고 안정시키

는 방향과 아이들을 자극하고 에너지를 발산시키는 방향입니다.

아이들을 안정시킬 때

이 경우에는 커졌다 작아졌다를 번갈아 하는 간격에 변화를 줍니다. 작아지는 시

간을 7초에서 9초, 12초에서 15초 식으로 점차 늘려가세요. 커지는 시간은 이와

반대로 4초, 2초로 점차 줄여가세요.

이렇게 놀이를 하고 나면 단 10분 만에 아이들의 긴장을 풀어줄 수 있습니다. 이

놀이는 활발히 놀고 있던 아이들을 식사 시간 전에 차분하게 가라앉힐 때 하면

효과적입니다.

아이들에게 에너지를 불어넣을 때

이번에는 앞의 경우와 반대로 하면 됩니다. 커지는 시간을 점점 늘려가면 됩니다.

○ **이런 효과가 있어요**

첫 번째의 경우 금세 아이들 몸에서 긴장이 풀리고, 아이들이 활동하는 속도가

느려집니다. 심지어 깜빡 잠이 들기도 합니다. 두 번째 경우에는 마치 전원이

켜진 것처럼 아이들 몸이 에너지 과다 상태가 되어 놀이에 속도가 붙고 격해

집니다.

이 두 가지 경우 모두 커지는 시간과 작아지는 시간을 똑같이 분배하는 첫 부

분이 가장 중요합니다. 처음을 어떻게 시작하느냐에 따라 어른과 아이 사이에

교감이 결정되기 때문입니다. 따라서 이런 교감이 이루어지도록 충분한 시간

을 할애해야 합니다.

어른은 목소리와 마찬가지로 자신의 몸을 긴장 고조 국면(커지기)에서 긴장 완

화 국면(작아지기)으로 즐겁게 바꿀 수 있는 능력도 매우 중요합니다. 이렇게

몸의 긴장감과 목소리의 크기를 자유롭게 바꾸는 모습을 보며 아이들은 저마

다 몸으로 이것을 인지하고 배워서 자신의 신체상을 구성하는 데 도움을 받습

니다. 그러나 어른들이 진정성 없이 기계적으로 이 놀이를 하는 경우가 있습니다. 신경이 예민해진 어른과 같이 있는 아이들을 보면 잘 알 수 있습니다. 이 럴 때는 아이들의 긴장감과 에너지가 함께 상승해 평소보다 더 소란스러워집니다.

붕대 천으로 만든 터널 놀이

1부에서 소개한 이 놀이(p.91)는 여전히 아이들에게 중요한 역할을 합니다. 이 놀이 덕분에 아이들은 자기 몸이 차지하는 부피를 더 잘 인식하고, 이러한 신체 부피와 주변 환경과의 관계를 더 명확하게 파악할 수 있습니다.

손 그림 · 발 그림 그리기

손과 발로 그림을 그리는 이 놀이(p.124)는 앞서 심리 발달 부분에서는 관계 형성 놀이로 소개되었습니다. 그러나 이 놀이는 아이들이 자신의 신체 이미지를 습득하는 데에도 상당히 큰 도움을 줍니다. 일단 그림을 그리는 작업이 끝나면 아이들은 여럿이 함께 혹은 저마다 따로 자기 몸의 모든 부분을 탐색하기 시작합니다.

등 대고 기어가기

등은 우리 몸에서 가장 중요하면서도 진가를 인정받지 못하는 부위입니다. 오로지 자기 등에 대한 무지 때문에 몸의 평형에 문제가 생기고, 고통받는 사람도 많습니다. 등은 무의식적으로 인지할 수 있는 신체 부위가 아니기 때문에 유아기에 적절한 놀이를 통해 엄격하게 학습해야 합니다.

앞서 우리는 작은 쌀 주머니를 머리에 올리고 걸으면 아이의 심부 근육이 깨어난다는 사실을 살펴보았습니다. 심부 근육은 척추가 올바른 직립 상태를 유지하는 데 가장 중요한 역할을 하는 요소입니다. 그런데 이것은 반사 운동 기능에만 국한

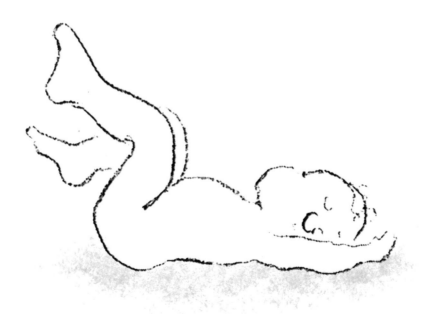

됩니다. 따라서 자신의 의지로 움직이는 기능 또한 자극해야 합니다.

많은 놀이가 그런 역할을 할 수 있습니다. 그 가운데 가장 간단한 놀이가 바로 등

대고 기어가기입니다. 그런데 여기서 '간단한'이라는 표현은 조금 적절치 않아 보

입니다. 이 놀이를 처음 할 때는 아이나 어른이나 아주 어려워하니까요. 하지만

이 놀이를 제대로 소화하기만 하면 이보다 어려운 놀이도 충분히 할 수 있습니다.

좀 더 난이도 있는 놀이는 다음 3부에서 다루도록 하겠습니다.

바닥에서 하는 후프 놀이

앞서 소개한 주랑 놀이(p.184)는 아이들이 자기 몸의 크기를 제대로 인식하게 해주는 놀이였습니다. 여기서는 주랑 놀이를 보완해주는 놀이로 다양한 크기의 후프를 여러 개 활용해봅니다.

이 후프 놀이는 팔, 다리, 머리, 몸통 등 몸 여기저기에 후프를 두르면 됩니다. 이렇게 하면 아이들은 후프를 두른 신체 부위의 크기를 더 잘 인지할 수 있습니다. 이 놀이는 여러 명이 함께 하는 단체 놀이로도 좋습니다.

○ **재료**

물 호스(호스 대신 가벼운 훌라후프나 링으로 대체해도 좋습니다).

○ **이렇게 만들어요**

물 호스를 일정한 길이로 잘라 양 끝을 가열해서 용접하거나 접착제로 붙여 후프를 만드세요. 지름 10~45cm 사이의 다양한 크기로 여러 개를 만들면 됩니다.

종이 상자

앞서 아이들의 이상적인 은신처로 소개한 종이 상자(p. 119)는 올바른 신체상을 습득하는 데에도 유용하게 활용할 수 있습니다. 다양한 크기의 종이 상자 여러 개를 아이들 손이 닿을 만한 곳에 놓아두기만 하면 됩니다.

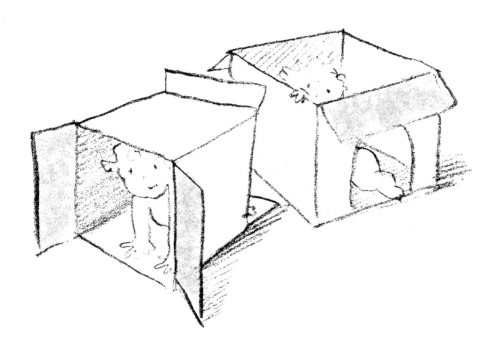

숨쉬기 놀이

호흡은 신체와 신체 이미지를 이루는 근본 요소 중 하나입니다. 그러나 우리는 오랫동안 '호흡은 배울 필요가 없는 것'이라고 잘못 알고 있었습니다. '숨 쉬는 것처럼 한다'라는 표현이 있는 것만 봐도 그렇습니다. 그런데 사실은 아이나 어른이나 잘못된 호흡 때문에 많은 문제를 겪곤 합니다. 자기 수행(긴장 완화, 명상, 요가)을 시작할 때 첫 단계로 호흡법부터 배우는 것은 결코 우연이 아닙니다.

숨쉬기는 들숨과 날숨으로 이루어집니다. 그때마다 폐는 숨을 들이마시고 내쉬기를 번갈아 합니다. 들숨을 쉬는 것은 수동적 과정이라 폐는 혼자서 부풀게 됩니다. 반면 날숨을 쉬는 것은 능동적 과정이라 우리 몸의 여러 명령 체계를 동원하게 됩니다. 그런데 제대로 숨을 쉴 줄 모르면 많은 문제가 생깁니다.

폐는 흉곽 안에서 상당히 큰 부피를 차지하며, 그래서 폐 때문에 흉곽이 움직입니다. 호흡을 인식하고 조절하는 법을 배우는 것은 매우 중요합니다. 숨쉬기 놀이는 아이가 아주 어릴 적부터 할 수 있습니다. 그중 몇 가지 놀이를 소개합니다.

깃털 모빌 이미 1부에서 소개한 깃털 모빌(p. 96)는 아이들이 어른을 따라 하면서 자기 호흡을 발견하게 해주는 놀이입니다. 더불어 관계 형성에 도움이 되는 놀이이기도 합니다.

바닥에 놓인 깃털 바닥에 깃털 몇 개를 놓아두세요. 그런 다음 아이들이 기어가서 깃털을 불고, 그렇게 해서 날아간 깃털을 뒤따라가게 합니다. 이 놀이는 아이들이 호흡 강도와 방향을 조절할 수 있게 도와줄 뿐만 아니라, 기어갈 때 몸의 움직임도 조절하게 해줍니다.

비눗방울 ○ **재료**
철사, 비눗물.

○ **이렇게 만들어요**

철사의 한쪽 끝을 구부려 동그란 원을 만들고 나머지 부분을 똑바로 펴서 손잡이를 만듭니다. 비눗물도 준비해주세요. 이렇게 간단히 준비해주면 아이는 다양한 방법으로 숨쉬기 놀이를 하면서 점차 숨을 인식하게 됩니다. 숨을 세게 불수록 더 많은 비눗방울이 생기고, 더 멀리 날아가는 것을 알게 됩니다.

안전유리 놀이

2부에서 소개한 안전유리 놀이(p. 138)는 숨쉬기 훈련으로도 제격입니다. 안전유리 위에 입김을 불어 동그랗고 예쁜 원을 누가 제일 잘 만드는지 시합을 하면 아이들이 최대로 세게 숨을 내쉬는 모습을 보게 됩니다. 물론 아이들은 굳이 어른이 경쟁을 붙이지 않아도 앞다투어 입김을 불며 숨쉬기 시합을 하기도 합니다.

탁구공 놀이

○ **재료**

유리컵 1개, 탁구공 1개.

○ **이렇게 놀아요**

탁구공을 유리컵 안에 넣으세요. 탁구공이 워낙 가벼운 탓에 유리컵에 숨을 조

금만 불어넣어도 공이 유리잔 위로 튀어 오릅니다. 이렇게 하면 아이에게 자신

이 내쉰 숨의 힘을 눈으로 확인시켜줄 수 있습니다.

풍선 놀이

○ **재료**

작은 고무풍선.

○ **이렇게 놀아요**

이 놀이를 할 때는 반드시 어른이 옆에서 지켜보아야 합니다. 아이 입에 고무풍선을 하나 물려주고 아이가 가능한 한 오랫동안 불게 하세요. 물론 아이는 풍선을 제대로 불지 못합니다. 그래도 아이가 불어넣은 숨이 풍선을 수평으로 떠 있게 만듭니다.

이 놀이는 조금 특별한 것을 배우게 해줍니다. 숨을 내쉰 뒤 숨을 멈추는 법, 다시 말해 호흡을 정지한 상태에서 폐 안에 들어 있는 공기를 최대한 사용하는 법을 배우게 해줍니다.

나의 작은 탐험가

III

다른 사람들과
함께하는 나

~

아이들은 자기들끼리 놀이를 만들기 시작합니다.

그뿐만 아니라 놀잇감

하나만 가지고 혼자 놀기 시작하고,

다른 아이들이 혼자 있는 시간을 방해하지 않습니다.

이렇게 아이는 공동체에 소속되어

각자 저만의 규칙에 따라

다른 아이들을 받아들이기도, 거부하기도 합니다.

출생 후부터 3세까지 3년간의 영아기 중 마지막에 해당하는 이 시기는 놀이와 관련해 문제 될 것이 가장 없는 시기입니다. 생후 12개월과 생후 18개월보다 3세와 6세의 차이가 훨씬 작기 때문입니다.

그렇다면 3부 '다른 사람들과 함께하는 나'의 시기에 이른 아이는 과연 어떤 발달 단계에 와 있을까요? 이제 아이는 말하고, 걷고, 뛰고, 점프하고, 다른 아이들과 사이좋게 잘 놉니다. 이 세 번째 시기가 시작되었다는 신호탄이 바로 아이가 또래 아이들과 사이좋게 잘 노는 것입니다. 이것은 아이의 사회관계가 형성되었다는 뜻입니다. 이제 아이들 사이에 공격성이나 소유욕을 일관되게 드러내는 모습은 거의 찾아볼 수 없습니다.

이에 따라 아이들은 자기들끼리 놀이를 만들기 시작합니다. 그뿐만 아니라 놀잇감 하나만 가지고 혼자 놀기 시작하고, 다른 아이들이 혼자 있는 시간을 방해하지 않습니다. 이렇게 아이는 공동체에 소속되어 각자 저만의 규칙에 따라 다른 아이들을 받아들이기도, 거부하기도 합니다.

하지만 여기까지 오는 과정이 순탄하기만 한 것은 아닙니다. 적어도 어른 입장에서는 그렇습니다. 왜냐하면 이 과도기에는 모든 아이가 거쳐가는 불가피한 시기가 동반되기 때문입니다. 바로 '싫어'의 시기입니다. 아이는 "싫어"라고 말함으로써 자신을 어른과 구별합니다. 이와 동시에 자신에게 부여되었던 여러 금지 사항을 어른에게 되돌려주는 역할도 합니다. 부모라면 이 시기의 아이가 어떤지 잘 알 것입니다.

"바지 입으렴."

"싫어!"

"밥 먹자."

"싫어!"

"손 씻으렴."

"싫어!"

그렇다면 어떻게 해야 할까요? 조금 힘들더라도 우리는 아이가 이 시기를 통과하는 모습을 기쁜 마음으로 지켜보아야 합니다. 아이가 이 시기를 겪고 있다는 것은 정상적으로 발달하고 있다는 뜻이며, 그 결과 자신을 조금이나마 통제하고 감정을 조절하는 방법을 알아간다는 증거이니까요.

'싫어'의 시기를 피하는 이상적 해결 방안은 없습니다. 어쩌면 가능한 한 질문을 하지 않으면서 아이와 대화하는 것이 유일한 방법입니다. 이렇게 하면 아이가 싫다거나 좋다는 대답을 할 필요가 없게 될 테니까요.

우리가 아는 한 친구는 특별한 방법으로 이 문제를 해결했습니다. 이 시기를 보내고 있는 그녀의 두 살배기 아이가 "싫어"라고 하면 "좋아"라고 노래 부르며 대꾸한 것입니다. 그러면 아이도 낭랑한 목소리로 "싫어"라고 노래하며 대답했습니다. 뮤지컬 대사처럼 이렇게 노래로 '좋아! 싫어! 좋아! 싫어!'를 주고받고 나면 결국에는 아이가 바지를 입거나 손을 씻는 것으로 끝났다고 합니다. 하지만 이 방법은 하나의 예에 불과합니다. 자신만의 방법을 만들어내는 것은 여러분 각자의 몫입니다.

'싫어'의 시기는 기간이 정해져 있는 것이 아니기 때문에 얼마든지 길어질 수도 있습니다. 하지만 이 시기가 낯가림 이후에 나타나는 중요한 전환점이라는 사실은 변함없습니다. 낯가림하는 동안 아이는 다른 아이들을 두려워하는 탓에 어른에게 가까이 다가옵니다. 하지만 그 시기가 지나면 다른 아이들 속에서 자기 자리를 찾고 어른을 거부합니다. 그렇게 모든 것이 정리됩니다. 하지만 성인이 되기 전까지 유년기와 청소년기를 지나는 동안 아이는 또 다른 낯가림과 '싫어'의 시기를 겪게 됩니다.

3부에서 소개하는 세 번째 시기에도 감각 발달은 당연히 계속되지만, 다른 아이들과 맺은 새로운 인간관계로 아이의 심리 활동은 결정적 국면에 다다릅니다. 따라서 우리는 심리 발달과 운동 발달, 이 두 가지에 주안점을 두려고 합니다.

그렇다고 이 시기에 아이의 감각 발달을 등한시해서는 매우 심각한 결과를 불러올 수 있습니다. 앞서 1부에서 소개한 거의 모든 놀이는 이 시기에도 유효하니 꾸준히 활용하는 것이 좋습니다. 감각 영역 가운데 한 부분을 소외시키는 것도 문제가 될 수 있습니다. 예를 들어 아이가 자신을 둘러싼 환경을 인식하는 과정에서 아이에게 촉각이나 후각, 미각을 모두 사용하도록 자극을 주어야만 합니다.

아이가 감각을 통해 느끼는 기쁨은 계속 유지되어야 합니다. 그런데 이 시기 동안 어른들은 주로 시청각에 치중된 놀이를 제공하기 때문에 아이들은 위에서 언급한 감각들, 즉 촉각, 후각, 미각을 포기해버릴 위험이 있습니다. 이 문제는 어른들이 꼭 신경 써야 할 부분입니다.

1장

심리 발달

심리 발달 안에서 정서 발달과 인간관계 발달, 정신 발달은 근본적으로 구별된다는 사실을 명심해야 합니다. 그런데 이른바 교육용 놀이는 대부분 정신 발달에 주안점을 두고 있습니다. 이처럼 하나에 편중되는 것은 위험하기 때문에 이 책에서는 정신 발달 부분을 다루지 않을 것입니다.

3부에서 소개하는 몇 가지 놀이의 공통된 목표는 딱 하나입니다. 아이가 자신의 감정을 긍정함으로써 인간관계 능력을 발달시키도록 돕는 것입니다.

상 차리기 · 상 치우기 놀이

상 차리고 치우는 놀이와 함께 식사 준비하기 놀이, 설거지 놀이 등도 할 수 있습니다. 이렇듯 일상생활에 적극적으로 참여하면 2부에서 언급한 장점(p.142 참조) 외에도 아이가 사회적·문화적 정체성을 확립하는 데 결정적 요인이 됩니다. 식습관과 관습(식기, 음식 등)은 나라와 지역마다 다르니까요.

놀랍게도 어떤 아이들은 나이보다 빠르게 이런 활동을 하는 데 재능을 보이는 경우가 많습니다. 그래서 가정에서나 일부 보육 시설에서 안전상, 위생상의 이유로 부엌과 같은 특정 장소에 아이들의 접근을 금하는 것이 참 안타깝습니다.

물과 깔때기 · 모래시계

앞의 시기와 마찬가지로 이 시기에도 시간관념을 형성하는 일은 아이에게 꼭 필요합니다. 흐르는 시간을 인식하고 가늠하는 능력은 아이가 자립하는 데 필요한 커다란 자산이 되니까요. 이를 위해 앞서 소개한 물과 깔때기·모래시계(p.130)는 이번에도 유용한 놀잇감입니다.

커다란 스펀지 블록

아이는 점차 자신을 어른과 구별하고, 독립된 자신을 인식합니다. 이때 아이는 자기에게만 속하는 환경, 자기만의 전용 건축물을 스스로 만듭니다.

가로세로 30cm 크기의 커다란 스펀지 블록 여러 개(10~15개)만 있으면 아이는 다양한 놀이를 할 수 있습니다. 많은 건축가의 부러움을 살 만한 멋진 아지트도 만들 수 있습니다. 이렇게 얼마든지 변형시킬 수 있는 아지트가 있으면 아이는 그때그때 기분에 따라 다양한 곳을 아지트로 삼을 수 있어서 좋습니다.

목소리 놀이

생후 18개월이 지나면서 아이는 놀라운 속도로 어휘력이 증가합니다. 15개월 때 단어를 나열하던 수준에서 이제는 완벽한 문장을 구사하게 됩니다. 이 시기 동안 아이는 언어적 표현 단계에 도달합니다. 울거나 소리 지르고 몸짓으로 표현하던 방식을 벗어나 점점 정확하게 말로 표현할 수 있습니다. 몸짓의 비중이 줄고 목소리의 비중이 늘어납니다. 따라서 아이가 최대한 자신의 목소리를 인식할 수 있게, 그리고 제 목소리를 가지고 놀 수 있게 도와주어야 합니다. 목소리로 하는 모든 놀이(p.110, p.116, p.118)가 도움이 됩니다. 녹음기는 여전히 자신의 목소리를 알려주는 중요한 역할을 합니다.

아이디어 몇 가지 **목소리 듣는 시간**: 아이가 자기 목소리를 알아듣고, 다른 아이의 목소리도 알아챌 수 있어야 합니다.

목소리 변형하기: 아이가 작은 원통이나 큰 원통, 병, 종이상자 등에 대고 노래하면서 자기 목소리를 변형시키게 해줍니다.

목소리 진동 감지하기: 한 아이가 다른 아이의 등에 귀를 대고 목소리의 진동을 느낄 수 있게 해줍니다.

이 모든 놀이를 하는 동안 아이들이 내는 소리를 녹음한 뒤 들려주는 것도 무척 바람직합니다.

2장

운동 발달

이 장은 운동 기능과 신체 이미지로 나누어 소개하겠습니다.

3부에서 소개하는 시기가 되면 아이는 이미 다양한 운동 능력을 습득한 상태입니다. 1부와 2부에서 소개한 놀이들이 여전히 중요한 시기이지만, 좀 더 섬세하게 신경 써야 하는 부분이 생깁니다. 주로 세부적인 기능과 안전에 관한 내용입니다.

또한 자신의 신체 이미지를 어렴풋이 익힌 아이에게 나와 타인 그리고 주변에 대한 차이와 관계를 알게 하는 놀이를 소개합니다.

운동 기능

이제 아이는 운동 능력을 대부분 갖추었습니다. 그래도 두 번째 시기인 2부 '나 그리고 다른 사람들'의 시기에서 접한 운동 놀이를 매일 하다 보면 아이는 운동 능력을 최대로 습득할 수 있을 것입니다.

앞서 2부에서 제안한 모든 놀이는 여전히 유효하다는 사실을 잊지 마세요. 여기에 몇 가지 기억해야 할 상세한 설명을 덧붙이겠습니다.

손의 운동 기능

손가락 놀이　손의 기능을 습득했다면 이제 손가락의 운동 기능을 분리해야 합니다. 손가락 놀이, 마리오네트 조종, 그림자 놀이 등을 하면서 동요를

부르면 아이가 자신의 손을 잘 파악하고 손의 감각을 발달시킬 수 있습니다.

던지기 놀이　2부에서 살펴보았듯 아이가 손에 쥐고 있던 물건을 놓으려면 오랜

학습이 필요합니다. 실제로 여러 근육과 함께 거리감, 무게감 같은

인지 기능의 협응력이 있어야 이 동작을 할 수 있습니다.

아이가 손에 쥐고 있던 물건을 제대로 놓을 수 있게 되면 던지기 동작을 학습하

는 단계로 넘어가야 합니다. 그럼 어떻게 하면 될까요? 먼저 아이에게서 2m 정도

떨어진 지점의 바닥에 원을 그린 다음, 아이에게 원 안으로 모래주머니를 던지게

하세요. 처음 던지기를 시작할 때는 아이가 조준의 정확성을 인식할 수 있도록 굴

러가지 않는 물건을 주도록 합니다.

알록달록한 종이를 구겨서 만든 작은 공은 훌륭한 던지기 도구입니다. 아이들이

서로 마구 던져도 전혀 위험하지 않습니다. 이 놀이는 아이들의 던지기 능력을 훈

련하고, 공격성을 분출하도록 유도해줍니다. 아이들에게 어른을 상대로 종종 이

런 종이 눈싸움을 벌이게 하면 불편한 감정을 외부로 표출하는 데에도 도움이 됩

니다.

223

공 받기 놀이

공 받기 놀이(p.148)는 큰 용기든 작은 용기든 어떤 용기를 이용하건 간에 이 시기에 중요한 역할을 합니다. 아이가 두 팔을 각각 자유롭게 움직일 수 있게 해 동작의 정확성을 기르는 데 도움을 주기 때문입니다.

발의 운동 기능

앞서 2부에서 소개한 몇몇 놀이를 다시 활용하거나 살짝 변형해 소개합니다.

나무 블록

앞서 소개한 이 놀이(p.170)는 아이가 새로운 능력을 습득함에 따라 아이의 수준에 맞춰 바꿔야 합니다. 이를 위해 나무 블록의 높이를 10cm, 15cm, 20cm로 다양하게 만들어주세요. 그런 다음 복잡한 코스로 나무 블록을 배열하면 아이가 자신의 무게중심을 탐지하는 능력이 향상됩니다.

이 외에 앞서 소개한 커졌다 작아졌다 놀이(p.188)나 넘어지는 놀이(p.153) 같은 훈련도 여전히 매우 중요합니다.

긴장 풀고 휴식하기

아이의 하루는 몇 번의 휴식 시간으로 나뉩니다. 이 시간에는 역시 음악이 제 역할을 톡톡히 합니다. 어른과 아이 모두 바닥에 편하게 등을 대고 누워주세요. 이때 방 안의 조명은 낮추고, 부드러운 음악을 틀어주세요. 이 상태로 아무도 움직이지 마세요. 다만 이때 휴식 시간은 10~15분을 넘지 않아야 합니다.

물론 휴식을 취하고 싶은 아이만 동참하게 하세요. 절대 억지로 하게 해서는 안 됩니다. 이런 휴식 시간은 실외 놀이 같은 아주 활발한 활동을 하다가 점심시간처럼 차분한 시간으로 넘어갈 때 징검다리 같은 역할을 해줍니다.

그물 놀이　전신의 운동 기능을 발달시키기 위해 다음과 같이 두 가지 방법으로 그물 놀이를 제안해보세요. 그물은 근력뿐만 아니라 평형 감각, 협응력이 요구되는 활동을 촉진합니다.

첫 번째 모형

금속 파이프로 만든 높이 150cm의 천막 프레임이 가장자리와 바닥에 걸려 있는 그물을 지탱해줍니다. 그물이 팽팽하게 걸려 있어서 아이들이 넘어질 위험은 없습니다. 그물코는 가로세로 10cm의 정사각형 모양이 적당합니다.

두 번째 모형

○ **재료**

높이 70cm 기둥 1개, 높이 50cm 기둥 1개, 단단한 파이프로 만든 지름 60cm 원형 틀 2개, 원통형 그물.

○ **이렇게 만들어요**

1.5m 간격으로 두 기둥을 바닥에 고정하세요. 두 기둥 위에는 단단한 파이프로 만든 원형 틀을 각각 붙여주세요. (기둥＋원형 틀) 전체가 하나가 되어 어떤 경우에도 튼튼하게 버틸 수 있어야 합니다. 이렇게 하면 50cm 기둥 위의 원형 틀 중심은 바닥에서 80cm 높이에, 70cm 기둥 위의 원형 틀 중심은 바닥에서 1m 높이에 오게 됩니다. 그런 다음 두 원형 틀에 원통형 그물을 씌워 연결하세

요. 이때 그물은 너무 팽팽하지 않고 살짝 늘어지게 합니다. 이렇게 만든 그물 통로는 아이들에게 이상적인 코스가 됩니다. 이 그물 터널을 통과하면서 평형 감각과 행동 협응력을 기를 수 있습니다.

신체 이미지

이 시기에 접어든 아이는 이미 자신의 신체에 대해 상당히 형식적인 이미지를 가지고 있습니다. 따라서 이 시기의 아이는 한편으로는 새로운 감각을 경험하고, 다른 한편으로는 자기 자신과 주변 환경을 더욱 정확하게 가늠하면서 신체 이미지를 향상해야 합니다.

여기에서는 자아 인식, 주변 인식, 타인 인식으로 나누어 놀이를 소개합니다. 2부에서 소개한 여러 놀이는 이 시기에도 여전히 유용하게 활용할 수 있지만, 조금 더 복잡해집니다.

타인 인식 놀이를 익혔다면 이제 아이는 재미있게 여러 가지로 변형할 수 있습니다. 이렇게 하면 자립심이나 관계 형성, 촉각, 평형감각 등 앞서 언급한 여러 능력뿐만 아니라 공간 안에서 소리가 나는 위치를 탐지하고, 촉각으로 다른 아이들을 인식하는 능력도 발달시킬 수 있습니다.

등 밑의 고무지우개

앞서 소개한 등 대고 기어가기(p.192)를 하면 척추를 둘러싼 심부 근육이 깨어납니다. 아이가 등을 대고 제대로 기어갈 줄 알게 되면 등을 인식하는 능력을 향상하기 위한 또 다른 연습을 시작해야 합니다.

○ **이렇게 놀아요**

아이가 등을 바닥에 대고 누운 뒤 발은 바닥에 둔 채 무릎을 세우게 합니다.

살짝 등을 들게 한 다음 허리 밑에 작은 고무지우개를 넣습니다. 이 놀이는 등

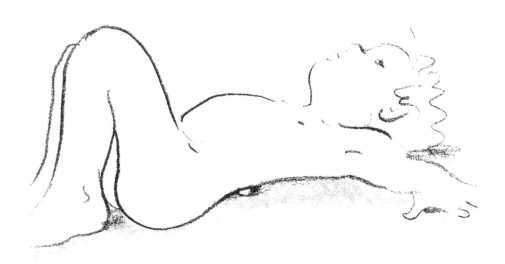

밑에 있는 지우개를 위아래로 움직이게 하는 것입니다. 이때 등의 움직임만으로 지우개를 움직여야 합니다.

이 놀이는 어른도 동시에 같이 할 수 있습니다. 처음에는 아이도, 어른도 쉽지 않은 놀이이지만 며칠 꾸준히 하다 보면 지우개를 움직이는 데 성공하게 됩니다. 재미있는 점은 어른보다 아이가 먼저 성공하는 경우가 많다는 것입니다.

자아 인식 　　　　발로 물건 집기

다양한 물건을 발로 집는 이 놀이는 발 아치를 인식하고 그 부위의 운동 기능을 촉진하는 역할뿐만 아니라 전신의 평형감각도 자극합니다.

그동안 이 놀이를 하면서 아이가 천이나 집기 쉬운 물건만 집도록 했다면 이제부터는 조금 더 난이도를 높여보세요. 탁구공이나 깃털, 볼펜 등 다양한 모양과 밀도를 지닌 물건을 집게 하면 더욱 도움이 됩니다.

기준점 놀이

다른 아이들이 보는 앞에서 아이 한 명이 직선 코스로 이동하게 합니다. 이 아이

가 A 지점을 출발해 B 지점에 도달하게 하세요. 그러면 어른이 다양한 물건으로

기준점이 되는 A 지점과 B 지점을 표시합니다. 그런 다음 다른 아이가 이 코스를

그대로 따라가게 합니다. 세 번째 아이도 마찬가지로 코스를 돌게 하세요.

다음 단계는 기준점을 모두 제거한 뒤 놀이를 새로 시작하는 것입니다. 이렇게 놀

이를 마치고 나면 첫 번째 아이부터 다시 놀이를 시작하는데, 이번에는 직선 코스

가 아니라 기준점 세 군데를 지나게 합니다. 이번에도 처음에는 기준점을 표시한

뒤 코스를 지나게 하고, 기준점을 제거한 다음에 다시 코스를 돌게 하세요.

이 놀이를 하는 동안 아이는 자신을 둘러싼 공간과 자기 몸 그리고 같은 공간

에 있는 다른 아이들의 몸을 가늠하게 됩니다. 이 놀이에 참여하는 아이들에

따라 코스를 여러 가지로 늘릴 수 있습니다(기준점을 3개, 4개, 5개 등으로). 보기

와 달리 이 놀이는 처음에는 꽤 어렵습니다.

타인 인식 **소리 나는 곳 찾기**

천으로 아이의 눈을 가린 다음 어른이 작은 종을 흔들거나 목소리를 내면서 아이

에게 소리가 나는 곳으로 오라고 유도하면 됩니다. 처음에는 소리 나는 곳이 어디

인지 파악하는 데 무척 힘들어하는 아이도 있습니다. 하지만 그런 아이도 금세 잘

하게 되니 걱정하지 마세요.

촉각으로 친구 맞히기

앞의 놀이와 마찬가지로 아이들의 눈을 모두 가린 다음, 손으로 서로 만지면서 누구인지 알아맞혀보라고 하세요. 놀랍게도 아이들은 손으로 만져보는 것만으로 한 치의 실수 없이 서로를 잘 알아봅니다.

낚시 놀이

인류의 역사만큼 오래된 이 놀이는 먼 옛날 수호성인 축제나 장터에서 많이 이루어졌습니다. 지금은 아이들을 위한 장난감으로도 많이 나와있지만 재질과 틀이 정해진 모양의 장난감보다는 다양한 재료로 만든 놀이가 더 좋습니다.

집에서 사용하는 다양한 물건, 얇은 철사나 클립, 모래나 톱밥, 60cm 길이의

막대.

○ **이렇게 놀아요**

먼저 여러 물건을 준비한 뒤 철사나 클립을 구부려 고리 모양을 만드세요. 이

고리가 물건 끝에 오도록 잘 붙여주세요. 그런 다음 모래(또는 톱밥)를 가득 채

운 넓은 통 안에 이 물건들을 묻어둡니다. 이때 끝부분에 달린 고리만 모래 밖

으로 나오게 하세요. 60cm 길이의 막대로 낚싯대를 만드세요. 막대 끝에 줄

을 단 뒤 줄 끝에도 고리를 답니다. 이렇게 준비를 마치면 아이가 모래 통에서

70cm 정도 떨어진 곳에 서서 낚싯대로 모래에 묻혀 있는 물건을 낚아 올리게

하세요.

○ **이런 효과가 있어요**

이 놀이는 온 세상 사람이 다 알지만, 거의 활용하지 않는 놀이입니다. 그러나

이 놀이는 아이들에게 다음과 같은 여러 가지 능력을 발달시킵니다.

• 행동의 능숙함과 정확성

• 자신의 팔 길이에 대한 인식

• 자기 주변에 있는 물건들 사이의 거리 가늠하기

이 책에 소개된 놀이 목록이 길다고 너무 놀라지 마세요. 여러분과 아이의 관계에 가장 도움이 될 만한 놀이만 선별해서 활용하시면 됩니다.

이 놀이 활동들은 여기에 소개된 그대로 사용하는 것도 좋지만, 그보다는 여기서 아이디어를 얻어 여러분이 자신의 현실에 적합한 놀이를 만들어낼 때 비로소 그 가치가 더욱 빛을 발합니다.

놀이를 할 때 가장 중요한 점은 아이들 각자의 리듬을 존중해주어야 한다는 것입니다. 놀이하는 동안에는 아무것도 하지 않거나 꿈꾸거나 상상하는 시간을 따로 마련해주어야 합니다.

자, 그럼 우리의 작은 탐험가에게 즐거운 탐험 여행이 되길 바랍니다.

장 엡스탱의 저서:

《놀라운 이야기》, éditions universitaires, 1990

《도전 놀이》, éditions Dunod, 2011

《보육 교사, 그 놀라운 세계》, éditions Philippe Duval, 2013

《꼬마 어른 이야기》, éditions Dunod, 2013

《우리는 모두 대단한 부모들》, éditions Dunod, 2016

《아이의 세계 이해하기》, éditions Dunod, 2016

《무궁화꽃이 피었습니다! 일상의 폭력에 맞서기》, éditions Philippe Duval, 2019

놀이 찾기